天下雜誌

觀念領先

心

稻盛和夫

暢銷紀念版

人生皆為自心映照

Kazuo Inamori
稻盛和夫 著　吳乃慧 譯

心

稻盛和夫 心（暢銷紀念版）⊙ 目錄

第2章 擁有良善動機

第3章

以堅強意志達成目標 125

第5章

前言
人生皆為自心映照

回顧八十餘年一路走來的人生，以及超過半世紀以經營者之姿邁過的步伐，現在想傳遞給大家、留給大家的，大概只有一句話，那就是「凡事皆由心起」。

發生在人生中的每一件事，皆來自心的牽引。就好比放映機將影像投射在螢幕上一樣，自心所描繪的風景，也會忠實地呈現在自己的人生之中。

此為世界轉動的絕對法則，也是萬事萬物無一例外的運作真理。

於是乎，自心描繪著什麼、自身抱持著什麼想法、藉由什麼姿態活著，這些都成了決定你我人生的最重要因素。這套邏輯，並非精神面的理論空談，也非單純的人生座右銘，它是不爭的事實。事實就是，心念創造了現實，並讓現實確確實實地運轉存在。

我一開始注意到這個「心」的存在，是我還在念小學的時候。當時我飽受肺結核初期症狀肺浸潤所苦，過著不得不與病魔對抗的生活。對年幼的我來說，那是一段半身浸入暗不見底的死亡深淵的難忘經驗。

當時在我鹿兒島的老家，兩位叔叔、一位嬸嬸相繼死於結核病，整個家彷彿被結核病附身一樣，我也害怕被傳染，所以每當經過染病叔叔的臥榻，雖然隔有一段距離，我還是忍不住憋住呼吸，快步經過。

我父親的態度恰恰相反。或許是因為做好了照顧親人捨我其誰的覺悟吧，所以完全不怕被傳染，非常犧牲奉獻地照顧病人。我哥哥也是，覺得沒有這麼容易被傳染，對這個病完全不以為意。

這樣的父親與哥哥沒被傳染，反而只有我被病魔盯上。那時的我，每天能做的，只有憂鬱地趴在病床上，恐懼地面對步步逼近的死亡。

當時住隔壁的阿姨，可能看不慣我這副灰心喪志的模樣，借了一本書給我。書裡闡述的重點大致如下：

「任何災難都起於招惹災難的心。自心不主動呼喚災難，就不會有任何災難能靠近你。」

啊！還真的是這樣。不怕被傳染而盡心照顧病人的父親，真的沒被傳染；不在乎疾病存在而如常生活的哥哥，也真的沒染上病。只有害怕、忌諱、逃避生病的我，反而把病魔招引到跟前來。

一切皆為「心」的造化——當時得到這個重大的教訓、重要的發現，大大影響了我今後的人生。只是當時年幼，無法完全理解其中意義，也無法藉此讓人生產生什麼改變。

之後我在青少年時期到出社會的這段期間內，人生不斷被挫折、苦惱與失意填滿。中學入學考試兩度失敗，大學入學考試也沒考上第一志願，接下來的就職考試也考得不盡理想。為什麼只有我這麼不順利，不管做什麼都做不好，鎮日被這些負面情緒吞噬，我變得失魂落魄、意志消沉。

大學畢業後，進入京都某製造絕緣礙子的公司工作，灰暗的人生畫風突然一變。

在不景氣、求職困難的大環境下，透過大學教授的推薦，終於有公司願意收留我，但掀開潘朵拉的盒子才發現，這家公司已是經營困難、岌岌可危的狀態，幾乎要被銀行完全接管。

同期進公司的同事相繼辭職，最後只剩下我。

無處可逃的我心想，既然沒有退路，那就轉換心境、埋首於工作吧。於是我決定把能做的盡量攬來做，無論環境再怎麼惡劣，傾注全力研究開發，吃住幾乎都在研究室裡。

終於，做出了一點成績，也收到周遭一些好評，讓我漸漸覺得做這些事很值得，激勵我更篤定地朝研究之路邁去。有趣的是，當我這麼一想，做出的成績就更好了。處於這樣正向循環中的我，終於成功合成出當時世界公認先進、獨創的新型陶瓷材料。

成功不是因為能力提升，也不是因為環境變好，只是因為自己的想法改變了、心境調整了，周遭一切狀況就會跟著完全不同。

人生的模樣，皆源於自心的編織勾勒，眼前出現的一切事物，皆來自心的吸引召喚——此刻我重新領悟了年少時領悟到的法則，把它深深烙印在我心裡，成為我通透人生的真理。

動機良善成功必至

在那之後，直到今天為止，我的人生經常在探究「心」的方面打轉，也不停捫心自問自心的模樣。

要怎麼活著的問題，等同於要抱持著什麼心態活著。自心描繪的畫面，決定了自己人生的走向。

擁有純潔美麗之心的人，會開拓出與自心相映的豐富美好人生。

相反的，自私自利、思想狹隘，不惜踹他人一腳也要讓自己出頭，這種擁有邪妄之心的人，即便一時獲得成功，最終也會落得失敗落魄的下場。

如果你不管怎麼努力、吃盡各種苦頭，還是感嘆人生一點也沒變好，請先正視自己的內心，捫心自問是不是擁有一顆正直的心。

也有些人擁有更加崇高美麗的心——為他人著想的溫暖心、犧牲自己成就他人的奉獻心。這些心所呈現的樣貌，以佛教語言來說，就是「利他」。

利他動機下產生的行為，遠比非依此動機產生的行為，成功機率更高，有時，甚至還會出現遠遠超出預期的結果。

建立新事業時、觸及新工作時，我會先思考這是為他人而做的嗎？是對他人有利的嗎？當我確定這麼做的確是基於利他的「良善動機」，我就相信事情最後一定會有好結果。

創立ＫＤＤＩ前身的第二電電公司時，日本雖然實施電信自由化，但我把目標對準向來獨占鰲頭的業界霸主日本電信電話公司（ＮＴＴ），被認為此舉非常危險也不智。

事業開始的前半年，每晚入睡前，我會認真嚴肅地反問自己：進入電信業，真的是出於善心、正心與純粹的心嗎？不是為了獲取個人名譽嗎？其中是否隱藏著些許私心呢？

然後，排除其他可能，確信「自己的確沒有私心、動機良善」後，才決定要踏入電信業。

與當時一樣拿到入場券的其他兩家公司相比，第二電電被認為處於完全不利的起跑點，但事業開始進行後，卻常常是三家公司中跑在最前面的那一個。

其後，公司與國際電信電話公司（ＫＤＤ）、日本行動通訊公司（ＩＤＯ）進行合併，更名為ＫＤＤＩ，大幅成長為現在日本電信業代表之一的大企業。

二〇一〇年，臨危授命擔任瀕臨破產的日本航空（ＪＡＬ）公司會長，從事企業再造，也是一樣的道理。

一開始受到政府與企業再生支援機構請託的我，因為年事已高，又是個航空業門外漢，所以多次婉拒這項任務。但隨著一而再、再而三的請託，了解這份工作背負著多大的社會意義，讓我不得不去思考接受這項任務是否出於「良善動機」。

終於，我看到其中隱含的三大意義。

第一個意義是，為了日本經濟的再生。代表日本的航空公司若是破產，會帶給日本經濟多麼嚴重的影響；相反的，如果企業再造成功，將會替全體社會帶來巨大的鼓舞與信心。

第二個意義是，為了還待在公司的員工們。如果企業再造失敗，面臨二次破產，會導致多達三萬兩千名的員工失業，公司再造，其實就等於保障員工的生活。

第三個意義是，為了國人的利益。如果日本航空消失，日籍大型航空公司只剩一家，屆時市場很難進行公平競爭，即使票價變貴、服務變差，也沒其他選擇，情況變得不利於消費者。

日本航空的再造，確實是一件極具社會責任的工作。我從「見義就要勇為」的觀點出發，毅然決然接受了會長一職的請託。

同樣的，此時社會上多數人都悲觀認為，不管誰來接手日本航空再造，都已無力回天，都難逃二次破產的命運。不過，令人跌破眼鏡的是，從日本航空進行改革再造的第一年開始，就創下大幅度的恢復成長，之後也不斷刷新最高收益紀錄。於是，在日航破產後，只花了兩年半的時間，又重新回到股票市場。

燃燒的鬥志也由「良善動機」引發

當然，事情之所以能順利進展，並非只靠一顆「體貼」的心。還需要排除萬難、果敢前進，只為達成目的的堅強意志，以及無論如何都要做出一番成績的無人能敵的熱情。

這股「燃燒的鬥志」，也是基於良善動機、想做出一番成就時所不可或缺的。因為有體貼的利他之心做後盾，才能夠產生堅定不移的強韌鬥志。

明治維新時，靠著勤王志士高舉「為社會、為人民」的「大義之旗」，才得以成功。社會不改變，國家就無法近代化，日本就會成為歐美列強的殖民地，這層危機感與氣魄——讓勤王志士們紛紛站出來，捨卻私心、一心為國，也成了維新回天大業成功的能量。

前面提到的第二電電事業，雖然在不利的條件下開始，卻能創造亮眼成績，這都要歸功於全體員工以「為了全國利益，降低長途電話費」為目的，團結一心，盡心盡力才得以達成。

過程中，好幾次遭遇困難、碰到障礙，這時我會不斷鼓勵員工，

「現在我們遇到百年難得一見的機會，我們要感謝這份幸運，讓只走一遭的人生過得更有意義。」

員工也會回應我的這番話，更加努力在工作崗位上。

日本航空再生的過程，也完全一致。

員工比起自身的情況或希望，更重視什麼才是對公司最重要的，並基於此想法，主動採取行動。企業再生的原動力，就在於員工的這個「心」，要讓他們貫徹此心，不斷懷抱著這股無法動搖的熱情。

就任日本航空會長一職時，我在全體員工面前，介紹了以下這段話，「新計劃的成功，在於不屈不撓、團結一心。接下來，就是心無旁騖地去想，崇高地、堅定地朝目標邁進。」

這段話出自在印度修行瑜伽後頓悟，回國宣揚印度思想與行為的生存方式的哲學家中村天風先生，也是曾經不斷締造佳績的京瓷公司的精神標語。我重新把這段話送給日本航空的全體員工。

整段話最關鍵的字，就是「崇高」。正因為有美麗崇高的心做為根基，才能抱持堅定不移的「信念」。任何目標都要達成的強烈信念，所有艱難都要戰勝的堅定意志，是貫徹事業時不可或缺的。有了崇高的信念後，所有相關人士團結一心，做出最大程度的努力，必能走向成功。

成功的根基就在於美麗的利他之心。

不管做什麼事、不管遭逢什麼命運，只要我們還活著，最該設定的目標，就是擁有為他人著想、讓他人過得更好的「良善的心」。它可以用「真、善、美」來表達，也可以說是純粹美麗的心。

最深處的「心」能通達宇宙

為何以純粹美麗的利他之心待人處事，事情就會朝好的方向發展，命運也會跟著好轉呢？我覺得原因是這樣的。

人心深處住著所謂的「靈魂」，再往更深處去，在可說是核心的地方，有所謂「真我」的存在，那是更加純粹、更為美麗的心靈領域。

禪修時，隨著功力不斷提升，最後意識狀態會抵達難以言喻的絕妙境界。那樣寧靜純粹的至福境界，使人充滿法喜，而那樣的境界，就是真我。

平時我們在其外側，包裹著一層又一層「知性」、「感性」與「本能」的心，但無論是誰，剝開這些心念，直觸最底層的話，都會觸及到無上純粹美麗的真我。利他之心、體貼的美意，都是由這個真我誘發而來的。

因此我體會到，這樣的真我，與使萬物得以成為萬物的「宇宙之心」，如出一轍。

佛教認為大千世界的森羅萬象，都住著佛。就像從古至今所有宗教提到的，這世上的一切，都是由宇宙之心這個「唯一存在」，幻化顯像為各種形貌而成。

也就是說，倘若到達人心最深處的「真我」，就等於同時觸及萬物根源的宇宙之心。

也因此，從真我產生的「利他之心」，擁有改變現實的能力，會自然招來幸運隨行，讓事情走上成功坦途。

所謂宇宙之心，換句話說，也可以說是形塑宇宙森羅萬象的「偉大意志」。

宇宙中，充斥著一股讓萬物過得幸福、不停生成發展的意志。翻開宇宙最初的生成發展史，不難發現這股意志的存在。

最初，整個宇宙只有一團粒子，在大爆炸的機緣下，粒子結合為原子，原子再與原子結合後，又產生分子；眾多分子更進一步結合成高分子，突變成去氧核糖核酸（DNA），產生了生物，歷經過不斷地演化後，高等生物於焉誕生。

宇宙其實可以只維持為一團粒子的原樣就好，或是在產生生物後，保持只有原始生物的狀態，沒有人會有意見，但宇宙卻不因此滿足。

它不讓萬物發展有所停滯，要讓萬物都朝向好的方向進化。某宗教家曾說「宇宙中，愛無所不在」，說的不正是這股充斥於宇宙各個角落的「意志」嗎？

我認為，心裡抱持的想法，也是一種「意志」。因此，當你抱持著一切朝好的方向發展、讓他人過得幸福的想法時，因為這個想法與「宇宙之心」同調，能與「宇宙之心」共鳴，自然能夠導引事物朝好的結果邁進。

人生的目的是磨練自心、盡心為他

截至目前為止提及的觀念，富含著深遠的人生真理，一旦理解其中道理，就會明白為什麼我們會生在這個世上，為什麼會走上人生這條路。說到人生的目的，最重要的，就是去提升心性，換言之，除了磨練靈魂之外，別無他法。

話雖如此，我們容易執著於財富、地位與名譽的追求，鎮日為了滿足私慾而汲汲營營奔走，但這些既不是人生目的，也稱不上人生目標。

透過一生的歷練，靈魂有沒有比誕生之初變得更加美好？人格是不是也變得更加高尚？這些人生課題，遠比什麼都重要。

也因此，我們才需要每天真摯地投入工作，認真迎接工作挑戰。因為要藉由工作來磨練心志、提升人格，讓自己成長為更了不起的靈魂，而這件事，就是我們活著的意義。

接著，提到人生目的，另一點則是，要為他人、為社會貢獻心力，也就是基於「利他之心」而活。

抑制一己之欲，擁有體貼他人之心、為他人盡心，這才是我們所被賦予的生命意義。

提升心性、抱持「利他之心」而活——兩者實為一體，不可分割。盡心為他人的同時，就能磨練心性，也正因為擁有一顆美麗的心，才懂得為社會、為人民貢獻心力。

反省自身的想法、舉止與行為後，想辦法把利己、自私的、壞的我壓制下去，讓利他、體貼的、好的我浮出檯面。

這麼做，就能磨練靈魂、提升心性。還可藉此陶冶人格，讓人生變得更加豐富精彩。

無論是誰，一旦出生在這個世界上，就擁有幸福的權利。不只如此，我甚至認為變得幸福是我們活著的義務。

本著美麗的利他之心，為社會、為人民貢獻一己之力時，我們的人性會被磨出光輝，幸福心與充實感隨之而來，這樣的人生，才會變得更有意義，也更具價值。

凡事皆起於「心」，也終於「心」——這是我一路走來八十餘年體會到的無上智慧，也是我鞭策自己要好好活著的終極心法。

針對本書的主題「心」，我會試著毫無保留地把想到的都說出來，也希望把這些話，傳遞給下一代的主人翁們。

倘若這些能成為各位滿懷希望，迎向明天的精神食糧，能變成各位走向美好人生的一點助力，我將覺得無比榮幸。

第1章

打好人生基礎

活出人生的簡單智慧

來到這個世上，為保全性命，不斷被推著向前的人生旅程，對任何人來說，都是波瀾萬丈的戲碼。戲裡有無限光榮、充滿歡笑的時候，也有遭逢苦難、咬牙忍耐的片刻。

面對這樣的人生，我們該如何活下去才好？面對人世的這片暴風汪洋，我這條小船要如何滑水前進呢？

答案很簡單，人生出現的一切事物，全都是自心招引、自身造化。也正因為如此，眼前發生的現實，會隨著你抱持怎樣的想法、以怎樣的心態對應，讓人生出現截然不同的改變。

創立松下電器的松下幸之助先生，年幼時因父親投資米市失利破產，被迫從小學退學去當工廠學徒，小小年紀就吃足了苦頭。

然而他不向這樣的命運低頭，一心只想讓賞他飯吃的老闆高興，認真努力工作。松下先生這樣正直開朗的心，成為爾後松下電器發展成世界級大企業的基礎。

與他相似處境，小小年紀就成為學徒的人應該不少，但其中很多學徒只會不滿於自己的際遇，對這個世界充滿偏見與妒恨之心，這樣的孩子，當然無法變得跟松下先生一樣，將來闖出一番大事業來。

不管遭遇什麼苦難，都能真誠接受自己的命運與際遇，一邊咬牙忍耐、一邊樂觀努力，這樣的人，才能開拓出光明開闊的人生。

現狀愈苦，人愈容易發牢騷，抱怨世界有多不公平。

但這麼做，只會讓負面之詞縈繞不去，最後繞回自己身上，招致其他厄運。

而我呢，前面提過從少年時期到出社會前，都不斷遭受不幸與挫折，在人生低潮中度過。

這時的我，只會不停抱怨自己有多倒楣，但倒楣的情況仍舊持續，什麼也沒變好。不過，當我真誠地接受命運，下定決心投入工作後，人生的風向，忽然就從逆風變成順風了。

事後想想，乍看以為是充滿不幸色彩的少年時代，其實是上天特地送給我的精彩人生前奏曲。

如果我不知挫折辛勞為何物，一下子就走上一帆風順的人生，那我就不會為了磨練心性而做出努力，也無法成為在乎他人想法、照顧他人心情的溫暖的人。

不管眼前的狀況如何殘酷，都別心懷不滿，也無須卑躬屈膝，只要一如往常地樂觀應對——這就是活出美好人生的祕訣所在。

好時節、壞時機，皆以感恩的心接受

這時最重要的，就是無論什麼時候、面對什麼狀況，都要心懷一顆「感恩的心」。

遭逢災禍、身陷困境、結果不如預期——這些時候要說聲感謝，還真的說不出口。人在生活非常不順時，容易去抱怨「為什麼只有我遇到這種事」，且滿口牢騷、滿心怨恨。

但換言之，如果降臨在身上的盡是好事，一切都朝預期的方向發展，就會滿心感謝嗎？其實也不太會。好事發生時，覺得「理所當然」，甚至不夠滿足，要求「再多一點」更好，這就是人性。

總之，不管遇到的是好事還是壞事，要心懷感謝，都是同等困難。

無論現在多麼一帆風順，也不能保證將來會持續多久。切勿耽溺現狀、驕矜自喜，應時常心懷謙卑、自律自制，同時不忘心存感謝。

在遭逢災難、痛苦、不幸等種種狀況時，更是感謝的「絕佳時機」。因為唯有遭逢嚴酷環境、嚴重事態，我們的心性才得以被鍛鍊，靈魂才得以被磨出光輝。

所以，別再嘆氣、悔恨與抱怨了，試著對這一切說聲「謝謝」。凡事樂觀解釋、積極接受，帶著感恩的心，秉持著開朗的情緒，向前邁出大步。

想要做到這一點，需要事先理性輸入「無論何時、無論什麼狀況，都要去感謝」的指令，做好時時「感謝」的心理準備。

宗教上或精神上不斷修煉的人，無論發生什麼事，都會自然流露感恩的姿態，這可能是習慣使然，而身為凡夫俗子的我們，能做的就是把感謝強灌進自己的心裡，這麼做一點也不為過。

這條行之容易的人生祕訣，誰也沒教過我們，學校沒教過，父母當然也沒提過。為什麼呢？因為即便腦袋理解其意義，但打從心底貫徹此生存方式的人，實在屈指可數。

多少人即便擁有高端的知識、卓越的才能，卻因為不知道這個簡單道理，而白白斷送了人生。他們可能創立了成功的事業，獲得了廣大名聲，卻做出營私舞弊等見不得人的事，讓過去一步步累積的人生，就這樣毀於一旦。諸如此類的事，真的時有所聞。

這種人就算知道什麼才是人生最重要的，也無法把它化為自己的血肉，無法活用這份知識。

歡喜感謝，惡「業」必消

無論任何時候，都要以感謝之心面對——這個處世之道的背後，暗藏著相當重要的意義。

遭逢災難，代表了什麼？代表大難臨頭的悲慘人生即將展開？還是意味著你正在消除一直糾纏著自己的「業障」？結果往往與你當下的念頭有關。

內心描繪的，都將成為現實，這就是佛教所說的「念頭造業」，亦即內心所想，會成為業、會成為「原因」，會製造出現實這個「結果」。在「原因與結果」不停交織之下，世界始能不停轉動。

不只念頭會造業，行為也會造業，而這種「業」一定會以某種現象呈現，像是不知不覺脫口而出的話，或是不經意採取的行動，都會成為「業」。「業」有時候也會化為災難，降臨在我們身上。

我們遭遇災難時，會變得慌張、狼狽、掙扎，所以如果能不遇上災難，就盡量避免。但是，不管再怎麼往好處想、再怎麼做好事，過去造的業，在透過某種現象呈現之前，是絕對不會消失的。

並且，在災難發生時，可能會因為所抱持的心態，而招來更多的災難。為了不讓這種情況發生，對策就是「欣然」接受災難。

如果受了傷，就想著「啊，真幸運，才受這麼一點傷，沒到身體動不了的慘況」；如果生了病，也欣然接受「太好了，這種程度的病，動個手術就能變好了」。

災難的發生，意味著業障的消除，所以面對大災難，當然要欣然接受，就算面對小災禍，也應該「高興」，因為這樣就能消除業障。即使不是真的打心底這麼想，也要發揮理性，讓自己變得能欣然這麼想。

當你心生歡喜，自然而然就能充滿感謝。面對任何災難都抱持著歡喜與感謝時，災難就會消失得無影無蹤。

「遭逢災難，應當歡喜」，傳授我這個寶貴觀念的，是我奉為人生導師、常常為我排解疑難雜症的元臨濟宗妙心寺住持西片擔雪法師。

京瓷公司曾在未獲許可的情況下，製造、提供醫療用人工膝關節，受媒體大肆報導後，收到來自四面八方的責難。

之所以發生這種事，其前因後果是，當初在京瓷獲准製造、販售人工髖關節時，接觸到許多醫療相關人士，獲悉他們有這方面的強烈需求，也怕忽有急用卻沒有可用的人工膝關節時，病患該怎麼辦，所以我們不得不開始製造人工膝關節。

不過，我對其中原委一律沒有辯解，只是不斷向社會大眾道歉。京瓷總公司前，連續幾天都被電視台攝影大隊佔據，我低頭道歉的影像，更是數度出現在電視上。身心交瘁、精疲力盡的我，只好找法師開導。

法師一如往常，一邊泡茶、一邊認真聽我說話。然後他對我說「這是好事啊，災難降臨，代表宿業即將被消除，你只要經歷這點波折就能消除業障，應該慶幸才是」。

我一直以為老師會溫暖地安慰我，聽到老師這麼說，只覺得這席話真是冷漠無情。

然而，這段話卻愈咀嚼愈有滋味，也大大撫慰了我的心靈。

沒有誰可以活著而不遇災難的，災難總會在不可預期的時刻，以不可預期的方式，向你撲來。

面對災難，不要意志消沉，也無須墜入絕望之淵，要高興地想「經歷這點災難，宿業就能消除了」，要心存感謝。直到脫胎換骨後，再踏出全新的一步。這個真理可說是在嚴峻的人生旅途中，生存下去的「祕訣中的祕訣」。

我經常掛在嘴上的「感謝之言」

人類是一種絕對無法獨自生存的生物。如果沒有空氣、水和食物，一天也存活不下去；如果沒有家人、同事或社會上這些人的協助，就什麼事都做不來、也做不長久。

因為受到身邊一切的支持與幫助，我們才得以生存——這麼一想，我們首先必須感謝的，就是能活著的這件事。

截至目前為止，能如意自在地活著，每天健康硬朗地投入工作，這些，絕不是什麼理所當然的事。

日文的「謝謝」（ありがとう），是由「有」（有り）與「難」（難し）兩個字意組成，意即「擁有很難」，也就是「把不可能變成可能」的意思。從這層意義來說，我們的生活經驗，也都是把一個個「擁有很難」的事物堆疊而成的。

若能細細品味其中深意，內心便會自然湧出感謝之意。當你懂得對自己身邊的一切說出「感謝」，人生就會變得更幸福美好。

人生一路走來，每當我遇到需要感謝的場面，從我口中說出來的，都是「阿彌陀佛，阿彌陀佛，感恩」這句話。「阿彌陀佛」是「南無阿彌陀佛」的簡易說法，這句話是我還很小的時候，父親帶我參加「祕密念佛」儀式，在席間所學到的。

所謂「祕密念佛」，是江戶時期薩摩藩頒布禁佛令期間，虔誠的信徒為了讓佛法傳承下去，祕密舉行的宗教儀式，而在我的孩提時代，仍留有這樣的風俗。

當時，父親一邊牽著我的小手，一邊走上日落後的黑暗山路，好不容易終於抵達深山中的破舊小屋時，便會聽見面向佛壇的和尚正在低聲讀經。

於是，我們也跟著加入讀經的行列。讀完經，和尚會請每位與會者上佛壇拜佛。和尚看到有樣學樣跟著父親拜佛的我，溫暖地招呼我們說：「感恩今天千里迢迢從鹿兒島市區來到這裡，」接著，繼續說：「我今天禮佛時，得到佛的允許，允許你們今後不用特地過來拜佛。只不過，今後的每一天，請常念『阿彌陀佛，阿彌陀佛，感恩』，隨時表達對佛的感謝。」

那之後過了將近八十個年頭，一直到今天——每天早上一邊洗臉一邊被突如其來的幸福感包圍時，或是品嚐到美味的料理時，諸如此類的時刻，這句「阿彌陀佛，阿彌陀佛，感恩」就會在我耳邊響起，讓我喃喃念起佛來。

這句話深植我心，是我一生的重要財產。常常懷抱感謝之心，以及把這份心意化為言語的重要，是當我還年幼時，那位和尚就傳授給我的道理。

沒什麼特殊才能、年輕時飽受挫折打擊的我，能在經營的世界擔負起這些重責大任，我想可能跟我了解這句話、並時時說出心裡的感謝，脫不了關係。

心存感謝，困境也變成財富

感謝的心是怎麼來的呢？若對他人不謙虛，就很難產生感謝之心。之所以有現在的我，都要拜截至目前為止幫助過我的許多人之賜；公司之所以能繼續維持，都要謝謝賣力工作的員工，以及給我們訂單的客戶。就是如此謙卑的態度，才能產生感謝的心。

從京都鄉下的小工廠發跡的京瓷公司，創立後接到的第一張訂單，就是來自前面提過的松下幸之助先生創立的松下電器（現名 Panasonic）集團裡的某一家子公司。

與他們往來時，為了方便稱呼，我們會通稱集團裡的每一家公司都是「松下公司」。

給鄉下地方近乎默默無名的小工廠京瓷下訂單，真是萬分感謝，不過相對的，這份訂單在交期與品質方面，也要求得非常嚴格，尤其在價格方面，還訂出了每年降價的苛刻條款。但為了滿足客戶，我們付出了非比尋常的努力。

當時，同樣接了松下公司零件與備料方面訂單的同行，認為松下等同是「欺負承包商」，常常抱怨松下的不是。

我並不是不懂他們的心情，但我總是提醒自己不要忘了感謝，首先要感謝松下每年不變如初地向我們採購，當我們為了滿足其嚴苛條件而變得更好時，也要感謝松下的磨練。

就算是幾乎辦不到的訂單，只要是為了松下公司，它開的價格多少，我們就接受多少，事後再想盡辦法、絞盡腦汁計算怎麼做才能打平成本。

沒多久，京瓷便打入美國市場，接到當時正熱門的美國半導體廠商訂單。因為京瓷的產品，跟當地的同業相比，品質更高、價格更低。

不斷受到嚴格要求的京瓷，為了滿足客戶，持續精進於研究開發，製造出高於業界水準的產品，也確保了足夠的利益。

發現這層道理後，我打心底湧出對松下公司的感謝，「謝謝松下對我的磨練」。

當時只會抱怨松下的同業，現在有不少已經消失在業界裡了。

不要只會負面解釋眼前的際遇與狀況，滿嘴牢騷與不滿，要懂得謙卑接受「因為有對方才有現在的自己」。今後的命運會不會出現重大轉變，就看你能不能持續抱持這份感謝的心了。

謙虛是步上美好人生的護身符

灌溉感謝之心的泉水，讓感謝之心更加成長茁壯的根——是謙虛。

我自己已忘了這件事，不過據一位跟我工作數十年的公司幹部所言，我從年輕時就常常把「謙虛就像護身符」的話掛在嘴邊。虛懷若谷的心，能讓壞事不要靠近，讓人生過得幸福，代替了護身符的功能。在這層意義上，的確符合護身符的定義。

對他人，對自己，以及對圍繞身邊的際遇，都不要忘了抱持謙虛的心，更重要的是，時時以謙虛自律。

情況稍微好轉時，被周圍的人稍微吹捧一下，心就會鬆懈，宛如斷了線的風箏，失序地四處飄散，這就是人性。

這種情況持續下去，會在不知不覺中驕矜自滿，對他人露出傲慢的姿態。導致人生之路走偏的，不一定是挫折與失敗，反而往往是成功與稱讚。

當初創立京瓷，營運步上軌道，利潤不斷創下新高時，我曾經出現「公司這麼賺錢，我的收入卻只有這樣，好像不太對」的念頭。

這家公司是靠我的能力才得以成立，這些收益也是因為我的才識才會有今天，所以我拿高於現在好幾倍的薪水，也不會遭天譴的——當時我腦袋裡閃過這個想法。

但我馬上發現自己出現心生傲慢的狀況，嚴正要求自己戒斷這種想法，因為我想到下列這些道理。

我所擁有的才識或能力，並非原本就屬於我的，充其量只能說是偶然間被賦予的。我現在扮演的角色，換成別人來做，也不是什麼不可思議的事；我的才識或能力，若突然被拔除了，也沒有什麼好說嘴的事。

正因如此，不要只是利用這些來嘉惠自己，而是要嘉惠世界上的其他人——我是這麼想的。

為什麼才識與能力是不屬於自己的東西呢？不只是人，所有生物之所以為生物，不外乎擁有以下屬性——肉體與精神、意識與知覺。倘若把這些屬性都拿掉，就只剩下被稱為「存在」的東西了。

以存在為核心，產生了一切生命，這個「存在的核心」，是一切生命的共通點，它有時會以花的形式展現，有時候又會以人類的角色現身。換言之，「存在的核心」以外的東西，像是身體或心靈，思考或感情，抑或是金錢、地位、名譽，甚至是才識或能力，這些我們平時視為己物、深信不移的東西，都只是暫時借給我們的，只能算是贈與我們的附屬品。

當你這麼想時，就會發現「這是我的東西」、「會那麼成功都是靠我」之類的想法，既沒根據，也無實證。若能發現這個道理，驕矜之心自然消失，謙卑心態油然而生。

一切我們視之為己物的，不過只是現世暫時寄放在我們這裡的東西，真正的擁有者是誰？我們不得而知。

正因如此，我們運用這些東西時，不能只為了自己，必須要嘉惠世上的其他人。當現世的生命結束，這些暫時寄放在我們這裡的東西，必須原封不動地歸還給上天。

每次一想到這一點，驕傲自滿的想法便會煙消雲散，滿腦子被感謝與謙虛的念頭填滿。

天下無難事，只因「美麗的心」

常懷感謝，謙虛自律。然後，別忘了對他人付出體貼與溫暖。若能以此思維生活，就會不斷招來好事發生。

英國思想家詹姆士．艾倫（James Allen）在其所著的《原因與結果法則3》（坂本貢一譯／Sunmark出版）一書中，談及以下內容，「愈是純潔的人，比起受汙染的人（中略），愈容易完成眼前的目標，也愈容易達成人生的目的。內心受汙染的人，因為害怕失敗，不敢踏入某些境地；而內心純潔的人，卻能毫無忌諱地踏入，輕而易舉取得勝利。」

我想大家應該有看過，自己周遭的某個人，既非絕頂聰明，也稱不上優秀出眾，只秉持一顆純粹的心，就起身行動，努力不懈，完成了所有人認為辦不到的艱難任務。

以純粹美麗的心所描繪的願望，成功的機率很高，成功的狀態也容易持續。換言之，不管是工作，還是經營公司，都會很幸運，而且幸運還會持續下去。

另一方面，想必我們也常常看到，擁有才能的人，即便絞盡腦汁、提出縝密計劃，事情還是進展不順。再怎麼厲害的計劃，如果動機出於邪念，就算一時取得勝利，也無法長久。

那麼，若要問什麼才是淨化及美化心靈的最佳方策，我認為是全心全力投入目前在你眼前的工作。

全心全力投入工作時，不會冒出憎恨他人的雜念，這種狀態就像僧侶禪定一樣，心會變得完全乾淨透明。

說到僧侶的修行，不只有打坐，每天還要做飯、打掃，甚至種稻種菜以求自給自足，而這些都是修行。開悟不只來自於安靜打坐，也來自於每天的柴米油鹽醬醋茶等生活雜事中。

釋迦牟尼佛開示：為了接近開悟的狀態，應當修行「六波羅蜜」*，而其一便是「精進」——凡事認真以對、努力不懈。佛還提到，修精進之道，方能磨練心性。

想要磨練心性，我們無須特意打坐，也不用刻意閉關深山，讓瀑布淋打身軀，只要全心全力投入現在正在做的工作即可。就現在這一刻，百分之百專注於某樣事物，這才是無可取代的精神修行。

以前曾同時與有數十年經驗的佛寺修築師傅，以及在大學教授哲學的講師一起聊天，他們倆說的話，讓我深有感觸。

那位師傅小學一畢業就進入這一行，一路熬到擔任帶領工班的師傅，專心走著這條路，大半人生都奉獻在此，而他所闡述的話，在哲學專家面前絲毫不遜色，非常精彩，充滿啟發。

他在這幾十年間，每天面對著木頭，一邊與木頭對話，一邊把它變成了不起的建築，數十年如一日，全神貫注只做這件事，而這件事本身，與提升人性息息相關。

像這樣，專心致力於眼前被賦予的工作，就是最好的心靈修養。透過日日勞作，心性自然被磨練，人格自然被陶冶。

＊六波羅蜜，即「六度」，即布施、持戒、忍辱、精進、禪定、般若，是「六種可以從生死苦惱此岸度到涅槃安樂彼岸的法門」。

專注工作便能觸及「宇宙真理」

專注於工作所獲得的，不只是這樣。全心全力投入工作，心靈就會被淨化。當心靈處於乾淨通透的狀態，人不就能觸及被稱之為「宇宙真理」的事物本質了嗎？

工作時、走這條人生道路時，引導我的羅盤是「哲學」；經營公司時，下判斷的基準，也是「哲學」。所謂哲學，意味著概念或精神，代表自己是以什麼為目標，並如何採取行動的「思考模式」，也代表「行動規範」。

以京瓷為首，所有我經營過的公司中，每個員工都擁有一樣的哲學，並將之銘記在心，以此哲學為基準，做出判斷、採取行動。

這套哲學是從哪裡冒出來的呢？老調重彈一次，是從專注於工作、心靈得到淨化的過程中產生的。

前面已經提過，我在創立京瓷前，在京都某製造高絕緣礙子的公司，擔任新型陶瓷材料的研發。這家公司年年虧損，拖延薪水已成家常便飯，研究設備更是完全不足。

我只能在這麼侷限的條件下，專心致力於新型陶瓷材料的研究開發。我能做的，只有一股腦地投入眼前的研究工作。

當我繃緊神經、全神貫注於工作上，內心雜念全消，心靈變得純淨無瑕，近乎達到佛教所說的「無心」境界。宛如修行僧打坐時進入「無我」的境界一樣，腦中雜亂的思緒一抹而淨，心靈呈現出煥然一新的狀態。當心靈如此澄澈透淨時，就會突然從某個地方冒出「睿智」的「思考方式」。

該怎麼做才能達成了不起的成果？該用怎樣的心態面對每天的工作？這些存於我心中的煩惱或問題，其答案也以相應的形式，閃現於我的腦海。

我過去習慣將所產生的各種想法與思緒，寫在實驗研究用的筆記一角。即便從研究者變成經營者，這個習慣也不曾停過，我還是會把每天工作中聽到的話、產生的想法，記在筆記本裡。

所以，從研究者時代一直到今天，筆記本裡記載著各式各樣的內容，成為之後所謂的「京瓷哲學」，是支撐京瓷發展至此的企業經營哲學原型。

那之後經歷了半個世紀以上，哲學對我來說，就像航駛於經營荒海上的航海圖，也像人生道路上為我指引方向的羅盤。追根究柢來說，那其實就是「美麗的心」的產物。

第2章

擁有良善動機

為何只有「兜售紙袋小販」做得好

前面提過，我從青少年時期一直到出社會，人生過得並不順遂，不斷與挫折和失望打交道。中學考試考砸了兩次，還染上肺結核，必須臥病在床，結果大學考試一樣以失敗告終，之後去找工作，也找得不盡理想。

不過，其中只有一件事，彷彿烏雲罩頂下的一道亮光，順利到令人驚訝，那就是我高中時，曾做過「兜售紙袋的小販」。

我的老家從戰前就以印刷一行維生，家舍與工廠卻在二戰即將結束前，被空襲燒毀殆盡。一向腳踏實地工作的父親，突然失去了家，整個人變得有如行屍走肉一般，母親只好把自己的和服等嫁妝拿去變賣，辛苦支撐家計，想盡辦法養家。

就算這樣，當時高中生的我，還是過得悠悠哉哉，放學回家的路上，總是和朋友在空地上興高采烈地打棒球。看不下去的母親，有天對我這麼說，「我們家沒辦法讓你跟那些一起玩的朋友一樣。都高中了，不能只想著玩……」

看著母親悲傷的表情，我大受打擊，立志要「幫助家計、守住家庭」，於是對父親提議，要製造並販售紙袋。

以前我家經營印刷廠的同時，也製造紙袋。印象中，父親會用類似菜刀的大刀，一口氣把一大片的紙裁斷，然後雇用附近的嬸嬸阿姨們來摺紙、塗漿糊。

我想起從小看到大的這一幕，思考著讓父親重新製作紙袋，再由我把紙袋拿去外面兜售的可能。

父親把十幾種大小不等的紙袋做好後，放入一個大竹簍，我利用平日下課後，以及禮拜天從早到晚一整天的時間，騎著腳踏車載著大竹簍，在鎮上來回兜售。

一開始我毫無計劃，就決定先去鎮上糕餅鋪等店家試試，來來回回中繞出心得，憑藉自身經驗把鹿兒島市分成七個區域，以一週為單位，順時針輪流，每天拜訪一個區域。還說服批發行寄賣我家的紙袋，有賣出去才來收錢，費盡心思就是要讓紙袋銷售出去。

最後終於接到其他糕餅鋪的訂單，我和父親變得異常忙碌，需要雇用其他員工才忙得過來。還傳聞因為我家紙袋賣得太好，迫使來自福岡的紙袋業者，不得不退出這個市場。

全然門外漢的高中生，竟能把生意做得如此成功，這個寶貴的經驗，也成為我日後經營公司的原點。

這段期間我做其他事情都不順利，為什麼唯獨「兜售紙袋的小販」能成果斐然呢？多年後回頭想想，我才發現個中原因。

因為其他事情幾乎都是為了私慾、為了明哲保身、為了獲得他人好評，總體而言，就是「為了自己」而做；兜售紙袋這件事，則是基於幫助家計、守住家庭等「為他人著想」的想法而進行的。換言之，其中存在「良善動機」。

唯有在利他的基礎上，才能建立成功的家

只要動機「良善」，事情自然會朝順利的方向發展；倘若動機出於自私、邪念，就算再怎麼努力，事情一樣一籌莫展。

創投公司的創立者中，不少人基於想累積財富、獲取名聲的出發點，而開始經營事業。

如果推動經營的「引擎」，只剩經營者的私利私慾、功名私心，即便事業一時風光，也無法讓公司永續發展下去。

所謂動機，可說是事物進展的「基礎」，唯有在不會動搖的堅固基礎上，才能蓋出屹立不搖的偉大建築。相對的，在脆弱的基礎上，即便想蓋出極盡奢華的家，也是枉然。只要動機不純正，一切免談。

我一開始把創立京瓷的目的，設定為「把我擁有的技術公之於世」。我想要讓世人都知道我所開發的新型陶瓷材料與技術，並運用這個技術，製造出更多更棒的產品，這就是我們的任務，也是公司存在的意義。換句話說，京瓷是我這個技術者，基於實現夢想的動機所創立的公司。

然而，就在創業第三年的某一天，因為發生了某件事，讓我不得不重新檢視公司存在的意義。

這件事就是，十名前年才剛進公司的高中畢業員工，突然一字排開站在我的辦公桌前，遞交給我一份「請求書」。書中提到升遷與分紅等待遇的改善，連將來生活的保障也一併納入要求。他們還說，「若不答應這些條件，員工集體請辭。」

公司才剛成立不久，根本沒辦法全數採納他們的要求，若承諾辦不到的事情，也是不誠實的行為。

於是我帶他們回到我當時住的，只有三個房間大的公營住宅裡，使出渾身解數不斷說服他們。經過連續三天三夜的促膝長談，終於說服所有員工，卻也讓我當晚變得徹夜難眠。

「原來經營公司是這麼一回事，我好像惹上一個大麻煩！」我胸口一直被這樣的想法堵得發慌。

如前所述，我從小生長的鹿兒島老家，以及父親經營的印刷廠，在二戰即將結束前，因為空襲被全數燒毀，戰後母親只能拿出和服變賣，才得以養活我們七個小孩。

父母在如此艱困的環境下，還硬著頭皮供給我讀到大學。因為這個緣故，我開始工作賺錢後，每個月一定會寄給家裡安家費，一次也不曾漏給。

光是照顧家人就這麼辛苦了，現在還必須照顧沒有血緣關係的員工，保障他們的生活以及將來，每當這麼一想，就會冒出後悔的念頭，「早知道當初就不要開公司了。」

不過，仔細思考後，我得到一個結論。所謂公司，並不是為了實現自己的想法而存在，更重要的，是必須保障員工的生活、讓他們擁有幸福的人生，這才是公司的使命，也才是經營的意義。

當我這麼為公司下定義後，頓時心病全消，宛如撥雲見日，心境變得坦蕩開朗，遂心念一轉，決定把公司的使命定調為「追求全體員工物質與精神的幸福」。

先為身邊的人盡心盡力

因為發生了這些事，使我徹底捨棄當初創業時所抱持的個人想法，把京瓷存在的意義，從「利己」，變成「利他」。也就是說，這是身為經營者的我，徹底轉變的瞬間。

如果我還是堅持不改變「把我擁有的技術公之於世」的創業初衷，京瓷應該就無法發展成現今規模這麼大的企業了。

而後，京瓷的急速成長，都建立在「為了全體員工幸福」這個堅固的利他基礎上。

公司存在的首要意義，是為了在公司工作的全體員工；而經營的目的，則在於實現全體員工的幸福。這是經營學上最根本的利他精神，以此思維經營公司，員工會產生共鳴、表示贊同，會不遺餘力協助公司發展。

提到「利他的心」，如果突然標榜著為國家、為社會這一類過於崇高的理想，會讓員工覺得與我何干，那是「別人的事」。

這麼一來，就無法讓他們燃起鬥志，專心致力於工作之中。

「利他」這個字眼，解釋起來很簡單，即「有利於他人」，也就是把「為了自己」的想法擺後面，以「為了他人」的想法為優先。去想想能為鄰居做些什麼，再把這些做得到的貼心想法付諸行動，「利他」就是這麼一回事，絕不是遙不可及的情操。

有家室的人，為了家人的幸福，盡力做些什麼吧；在職場上打滾的人，為了同事及往來的廠商，該做的盡量做吧；然後，為了讓自己居住的城市或地區變得更好，盡可能試著貢獻一己之力吧。

再怎麼不起眼的利他行為，都會伴隨著慢慢萌芽的利他之心。當這顆利他之心成長茁壯、開花結果，便會使人類最高貴、最善良的行為不斷繁衍。

我人生第一次出現的「利他行為」是什麼呢？我想到了當我還是小學生時，身為孩子王的我，經常帶領好幾個孩子一起玩的事。

母親總會為放學回家、書包一放就溜去玩的頑皮兒子，準備點心。那一回，她為我煮了一整鍋的番薯，以當時來說，那可是人間美味。

熱騰騰的番薯，看起來實在太誘人，好想馬上拿到嘴邊猛啃，但我馬上克制了這個念頭，先把番薯分給同伴們，剩下的才是我的份。

現在想想，那可是當時身為孩子王的我，所展現的最大「體貼」。

以他人為先，自己擺後面，是純樸單純的行為。這麼不起眼的行為，正是我「利他之心」萌芽的開端。

基於利他想法行動，好結果會回報到自己身上

基於利他的心，做出良善的行為，會自然而然使命運好轉。在宇宙中，這樣的「因果法則」確實存在，這點無庸置疑。其邏輯，可以解釋如下。

宇宙中，吹著「利他之風」，若你揚起大帆，大量承受這股風力，你的小船就會順勢飄向美好命運的航程，人生也會被引導往更好的方向前去。

而這裡，承受風力的船帆，正是「利他之心」。當你抱持著善良體貼的心，待人處事，就會充分感受到「利他之風」的存在，在其強而有力的作用下，就會航向幸福與成功。

在經營的世界中，提倡「利他的心很重要」之類的觀念，總是讓人不禁懷疑，面對嚴峻的經濟社會，「利他」或「體貼」真的有助於經營嗎？諸如此類的批評聲浪是一定會出現的。

不過，也正因為處於競爭激烈、爾虞我詐的商業世界中，更顯出「為對方著想」的利他之心的重要。

因為基於利他想法所採取的行動，都能產生好的結果，而好結果最終還是會回報到自己身上。

這讓我想起三十多年前，京瓷曾拯救過陷入經營困境的新創公司的往事。

這家公司製造販售當時流行的車用對講機，因為搭上美國無線通訊的熱潮，短短幾年的時間內，公司便急速擴張。

不過熱潮一退，公司裡的上千名員工，馬上就感受到斷炊的危機，於是該公司運用關係找上我，希望我出手相助。

我們併購了這家公司後才知道，該公司背後，有一個思想偏激的工會組織。

工會成員對工作意興闌珊，反倒對勞工運動相當狂熱，還多次提出不合理的要求，這些要求的內容極其離譜，所以我一概拒絕。

他們對於自己的意見不被接受感到非常憤慨，開著好幾台車，就往京都街頭展開示威抗議。

控訴京瓷與我的傳單，貼滿了公司及我住家附近。他們甚至還開著宣傳車，穿梭於京都鬧區，大聲播放對我的詆毀中傷，這種情況持續了好幾年。

然而，我沒有對他們這些行為採取任何應對措施，只是專注於與該公司合併後的事業重整。

這些人鬧了七、八年後才離開公司，期間造成的麻煩與損失，真是不可計量，但我一句不滿與怨懟都沒說，只知道要為了員工加緊努力，讓業績早點恢復正常。

結果原本虧損的事業，重新步上軌道，員工終於體會工作的值得之處，更專心致力於工作之中。終於，它搖身一變成為京瓷機器事業群的其中一個要角。

那之後又過了十幾年，京瓷又併購了某家經營不善的影印機製造商，並由京瓷各分公司派員組成併購支援小組，而小組的中心人物，就是曾苦心計劃要重振事業的原新創公司的廠長。

接下此併購事業第一任社長要務的他，在就職典禮上說了這麼一段話，「過去我們是被救助的立場，這次換我們救助別人了，不禁覺得這不可思議的巧合，就像冥冥中自有安排。」

這家影印機製造商，之後業績大幅成長，成為集團裡營收貢獻度極大的公司。

我經歷過要幫員工們把公司拯救回來，卻因部分偏激員工，反而讓我身陷麻煩的泥淖，但我並不因此洩氣，只是一股勁地想著員工，努力把事情做到最好。在良性循環之下，我為他們所做的良性成果，最終又回報到自己身上。

與壞心的人保持距離是上上之策

以我自身經驗來說，在生意經營方面，或人生的各個方面，當你所做的判斷是基於「讓對方有利」的立場，一定都會成功，這是毋庸置疑的。

不過，抱持著另一種如下所述的想法的人，我想應該不少。

以對方利益為優先考量雖然很好，但如果對方心懷不軌，又該怎麼辦呢？一旦出了社會，就會發現居心不良的人其實不少，如果秉持「利他之心」的情操，便剛好成為這些人的囊中物了。

很多人會這麼想，而且就某種層面來說，這樣想也沒錯。不過，我還是要說，這一切都是由你自心召喚而來的。

到目前為止，我聽過許多人的煩惱，也開導過許多人，但其中有不少哭訴自己「遇到多麼可惡的人，遭受了多麼大的折磨」的人，自身罪大惡極的事蹟也不遑多讓。

所以，我會對他們說，「你這是什麼話啊，你自己難道沒做過可惡的事嗎？平時常想這些可惡的事，這種思維就會把可惡的人事物給招引過來喔。」

「不思不想則不來」法則，在此處也適用，如果欺負、瞞騙他人的人接近你，那正是因為你心中也想著同樣的事。

如果你的靈魂被磨出光輝，剩下一顆純潔美麗的心，那周圍的人，想必心態也會變得跟你一樣純潔美麗。

如果辦不到這一點，不用懷疑，一定是自心的「修行」還不夠。

話雖如此，但心懷不軌的人如果出現在眼前，又該怎麼辦呢？最好的辦法，就是不要與他產生任何瓜葛，能避開多遠就避開多遠。某些朋友結識之後，若讓你產生這方面的疑慮，請搪塞一些理由，不要再與他見面。若他的行為已造成危害，請乾脆地與他斷絕關係，讓一切來往到此為止。

最不樂見的情況是，面對對方的種種惡行，你擬定種種因應對策，想方設法、機關算盡，就是要把對方撂倒。當你這麼做的同時，自己的心也變得跟對方一樣骯髒，便落入跟對方一樣的下場。

經營公司時，會不斷遇到滿口花言巧語、述說這門生意好賺又輕鬆的人，以及戴著大善人的假面、不停利用拐騙別人的人，只要我們內心充滿貪念，就會瞬間掉進這些人設下的圈套。

所以，每當有人跑來告訴我悅耳的發財故事，或是可口的合作機會，我會視之為「惡魔的呢喃」，不把它當一回事，並警告自己別被這些甜言蜜語玷汙了自己的心。

這個道理也同樣適用於某些人對於我嘔心瀝血、認真面對的事，給予毫無理由的嚴厲批判，並不停地扯我後腿。

重建日本航空之路，其速度比預想中要快，當斐然的成果出現時，聽到的聲音，不只有稱讚與祝福，也有批判與誹謗，甚至還出現與事實不符的報導。

但我命令身邊的幹部與相關人員，面對這樣的惡評，別去聽、也別去理會，一旦反擊對方、想贏過對方，你的心就會受到玷汙。

面對毫無根據貶抑他人的人，不予理會，他自會受到該有的報應。

當這樣的人走向你，不要跟他們做一樣的事情，不要劍拔弩張、對付反抗，他們總有一天會安靜地離去。

擁有的能力「善用」之後，才是活的

心的正中央，是你我存在的源頭，是所謂「靈魂」所住的地方，而靈魂的最深處，則住著無限善良純潔的「真我」，就像前面所提過的。

所謂真我，也可以說是體貼他人、為他人盡心的這一顆「利他之心」。不過，在你我的靈魂之中，不只存在著真我。

靈魂的某個角落，也存在著只想著「自己好就好、犧牲別人也要讓自己過得好、自己的幸福最重要」的「利己之心」，相較於真我，這樣的心，就是所謂的「自我」吧。

換言之，我們人類心中，同時存在著二元對立的真我與自我，也就是「利他之心」與「利己之心」。

獨善其身的想法，是自我的本能，是為了生存下去所不可或缺的欲望，沒有自我，人類根本無法存活。雖然程度上略有差異，但我們都被造物者設計成要有本能的欲望與私心才能存活。

所以身為凡人的我們所能做的，就是讓自我，也就是「利己之心」，佔比縮到最小，讓真我這個「利他之心」，放到最大。

這讓我想起一九八四年洛杉磯奧運柔道金牌得主、日本柔道界與體育界指標人物山下泰裕先生的故事。山下先生從小體格就比別人壯，力氣也大，這位精力充沛的少年，經常惹事，所以常被老師罵。

做盡許多壞事的他，讓父母相當操心，於是父母安排他去學柔道，想藉此消磨他過剩的力氣，反正只要遵守柔道規則，不管怎麼暴走，都不會被罵。

於是，年少的山下變得如魚得水，才能終於有所發揮，人格也得到相應的成長。

數年後，山下先生回首這段往事，描述指出，「日本柔道創始人嘉納治五郎老師宣揚的『精力善用』概念，也許就是我父母為我調整人生方向的參考。這句話也可置換成『能力善用』、『熱情善用』，我現在仍會用這些話來提醒自己。」

所謂善用，就是基於「利他之心」，將能力發揮出來。愈是優秀的能力，愈會隨著「利己」或「利他」的出發點的不同，產生天差地遠的結果。換句話說，結果會隨著「是為了自己，還是為了他人」，而有所不同。

不凡的能力與精力，就像兩面刃，當它往好的方面發揮，會讓你不偏不倚地成長茁壯；當它被用在壞的方面，則會引導你走上旁門左道。雖然是一樣的能力，卻會隨著被善用、還是被妄用，讓能力的價值定義，出現截然不同的分歧。

毀掉過於巨大之物是宇宙的另一個能力

經營公司時，如果動機只是基於私慾、只為了賺錢，那麼即便現在很成功，也終不長久。

為什麼這麼說呢？因為宇宙擁有的兩大力量，會交互作用。前面提過，宇宙的大原則是「生成發展」（成長發展），宇宙充滿著讓生靈萬物不停進化發展的能量，沒有片刻停歇。

不過，宇宙中其實還有另一個力量在運作，那就是「維持和諧」。為什麼需要這股力量呢？因為如果只讓生靈萬物不停生成發展，就會誕生出過於巨大的東西，破壞了整體宇宙的和諧。

過度擴張的東西，會在「維持和諧」的力量作用下，朝崩壞的方向發展。這就是宇宙的嚴酷法則。

舉例來說，最初地球上長得最茂密的植物是蕨類，但因為過於茂密，終於迎來衰退的命運。恐龍也是一樣的道理，當整個地球快被恐龍淹沒時，隨著氣候環境的改變，恐龍也走上滅絕一途。

綜觀世界歷史，一個過於強大的國家或民族，繁榮昌盛、疆域遼闊，之後往往走上衰退滅亡的路。這樣的例子，實在不勝枚舉。

迅速壯大的巨獸，當成長達到巔峰，便會受到宇宙「維持和諧」的洪流沖刷，發生崩毀、衰退等狀況。於是，巨獸被迫修正路徑，朝原本該有的、剛剛好的狀態發展。

無論個人或企業，首先要依循「生成發展」原則，只要努力拚命，事情必會有所發展。所以，專心致力於工作，毫無疑問必定大有成就。

然而，當你忘了謙卑的心，只想著滿足自己不斷擴張的欲望，就會讓平衡瞬間瓦解。極度擴張的巨獸，就宇宙法則來說，最後只有走向崩解的命運。

無論是個人或企業，以驚人速度順利發展、以絕佳氣勢成功攻頂，卻在某個轉折處，不小心踩空、墜落萬丈深淵。這種事時有所聞，這其實就是宇宙的原理在作祟。

物極必反，擴張壯大後，必迎來破滅。想避免這種情況發生，在不停茁壯的同時，也要注意維持整體環境的「和諧」。

以經營公司為例的話，首先要為員工的幸福而努力，這個目標實現後，接下來再把貢獻心力的對象推及客戶、合作廠商及周遭社區，最後再擴及到，以整體社會的幸福為己任。

想做到這一點，需要懷著「善良體貼的心」——意即利他的精神。若能以利他為根基，抱持虛懷若谷、重視和諧的心態，宇宙也會助我們一臂之力，讓我們的成功與發展持續下去。

「知足」的生存方式是自然界教我們的

我們可以在自然界找到「注重和諧的同時，又能持續成長」的絕佳案例。

雖說弱肉強食是自然界的宿命，但萬獸之王獅子在飽餐一頓後，有將近一個禮拜的時間，即便獵物唾手可得，也不會出手襲擊。因為牠的本能告訴自己，貪得無厭的結果，總有一天會破壞覓食環境。

京都大學靈長類專家伊谷純一郎老師曾說過，黑猩猩雖然被認為是草食性動物，但牠們偶爾也會獵食牛或羊之類的大型哺乳動物。動物蛋白質不僅營養價值高，也很美味，所以黑猩猩們會興奮地聚在一起分食這頓大餐。

營養價值這麼高的食物，常常獵食來品嚐不就好了，但黑猩猩們不會這麼做。牠們開葷的頻率沒有固定，但真的只是「偶一為之」，牠們只獵食存活所需的營養，超出的部分，並不會貪求。

聽完這段話，我深深感受到自然界所有，而人類界所缺乏的「節制」。自然界的生靈萬物，為了生存，會做出最低限度的努力，但絕不會做出讓欲望無限擴大的行為，牠們擁有「知足」的本能。

接著，伊谷老師還跟我說了下面這段見聞。

他前往非洲進行調查，當地村落藉由「燒墾農業」，種植芋頭、穀物等作物。

所謂的燒墾農業，就是透過焚燒森林來開墾耕地，每一塊耕地能收成的年限只有二到三年，之後若持續耕種，土地會愈加貧瘠，作物會愈難以收成。

此時，當地村民會燒墾下一塊耕地，在這塊耕地上重新播種、收成，同樣耕作了二到三年後，再去燒墾下一塊耕地，如此循環下去，生生不息。

不過，焚燒森林的範圍並不會無限擴大。舉例來說，他們會先劃出十塊左右的耕地，依序輪耕，最後一塊耕地耕作完後，再回到第一塊耕地耕作。如此一來，第一塊耕地又變得肥沃，其他的林地透過此種輪耕的方式，也不會遭受殃及。

伊谷老師的研究團隊每年都會造訪這個村落，某次造訪時，村民們因為不能如往常端出豐盛食物招待客人，而面露歉意地說，「今年沒有食物」。

一問之下，因為這一年好多國家的調查隊來訪，每來一次就招待一次，漸漸地連村民自己吃的分量都不夠了。老師覺得他們可憐，把帶來的食物分一部分給他們，並直率地說出心裡的疑問，「如果糧食不足，何不多燒幾塊林地來耕種就好呢？」

村落的長老回答，「那是神明所不允許的。」

他們知道，毫無節制焚燒森林，不僅破壞自然的再生能力，也如同掐住自己的脖子、斷了自己的生路。生存在原始環境下的人類，還是知道節制、懂得「知足」的。

建立以寡欲、體貼為根基的文明

為明治維新竭盡全力的末代武士西鄉隆盛，是我心目中的理想人物。他曾因激怒藩主被流放到南海的某個小島，在島上教孩子們做學問。一天，其中一個小孩問到，「如何才能讓一家人和睦生活呢？」西鄉隆盛這麼回答，「只要家裡的每個人稍微降低欲望就好。」

如果有好吃的食物，不要一個人獨享，而是讓大家一起分享；如果有快樂的事，大家一起分享那份快樂；如果有難過的事，大家一起難過，再互相支持、安慰。想擁有和睦的家庭，不了解這些道理是行不通的。

同樣的，西鄉先生常以「自私為百惡之先」這句話自勉，提醒自己不要只懂得愛自己。舉凡人的錯誤、驕傲、自大與失敗，都是只愛自己的心所造成的。

私心、利己、獨善其身，諸如此類執著一己之私的行為，正是人類欲望的真實呈現，所以要降低欲望，從心開始削減自我的佔比，把空出來的位置，留給值得擴大領域的真我吧。

截至目前為止，人類的經濟環境，皆以欲望與利己為核心，不斷發展至今，也帶來了環境汙染與貧富差距等弊害，對於這些不斷累積的弊害，運用過去的做法也無法解決。人類建立的文明，此刻正面臨著巨大的轉捩點。

糧食問題就是其一。地球這個唯一宜居的星球，能否不停提供糧食給索求無度的人類，這一點令人懷疑。

能源問題也一樣，為應付不斷擴張的欲望，只能不斷增加能源的使用量。人類雖知這樣的做法形同自殺，還是任欲望不停擴張，這就是人類的另外一面。

現在，已經來到我們不得不重新養成「知足」思維的時刻。

如果說截至目前為止的文明是以科技為根基，以「還要更多」等利己欲望為原動力，那麼接下來的文明驅動力，不就應該更換成讓他人幸福、讓社會變好的利他精神嗎？

上天賦予的財富、才能，終將歸還社會

應該要抱持著利他之心活著。換言之，希望「別人過得好」，為了世界、為了人類竭盡所能，這才是生而為人最崇高的行為。基於這樣的人生觀，我開始把自己擁有的東西歸還給社會，而其中一個做法，就是創立了稻盛財團與京都賞。

隨著京瓷發展成上市公司，我名下突然冒出難以想像的龐大資產，這讓我非常地困惑，因為我知道，這些財產絕非屬於我個人的，而是社會暫時存放在我這裡的。

某次，我有機會獲頒技術開發貢獻獎，當下我突然開竅了，意識到我不該是領獎的一方，而該是把獎送出去的一方。

以此念頭為契機，我想把沒料到會得到的財產，一點一點歸還給社會，因而創立了「京都賞」。

以對的方式獲得這些財與利，循此精神，我也要以對的方式使用它。什麼是人類依循正理後，至高無上的「散財法」呢？那就是，財富運用不為自己，而是「為了世界、為了人類」，透過企業經營從社會上獲取的錢，再次把它歸還給社會。

依此邏輯，我投注自己的錢，成立了財團法人稻盛財團，並在基金會的運作下，開始籌備「京都賞」（編注：第一屆京都賞於一九八五年舉辦）。

隨著科技的進步，精神面也需要發展進化，因此京都賞將獎項分成尖端科技、基礎科學、思想藝術三個類別。科學與思想，就像人類文化文明的表與裡、陰與陽，唯有兩者均衡發展，才能真正推動人類進化。

令人欣慰的是，創立三十五年的京都賞，與諾貝爾獎等國際大獎齊名，廣為世人認識。

同樣的，我也覺得應該把身為一名經營者，一路走來的寶貴經驗回饋給社會，所以需要一個交流心得的場所，將經驗傳承給經營者晚輩，因此誕生了「盛和塾」，截至目前為止，持續開講了三十五年（編註：到二〇一九年底解散之前，共持續三十六年）。

盛和塾成立的開端，是起於曾聽我演講的京都經營者晚輩，希望我給他們一些經營方面的指導。

一開始我利用晚上有空的時間，與他們一邊喝酒一邊聊聊經營心得，而後大阪的經營者也邀我前去指導，還把這樣的聚會命名為「盛和塾」，於是活動範圍逐漸擴展到大阪、東京與神戶等地。

盛和塾主要是一個傳授經營高層們，該養成哪些抽象哲學思考與具體經營方法的講習會，同時也提供經營者們聚在一起侃侃而談、交流意見的機會。

每一場盛和塾活動，我都是無償參與（編註：未收取講師費，出席旅費也自付），因為想彌補我過去的遺憾。

我在二十七歲成立京瓷之前，只是一介技術人員，誰也沒教過我該怎麼做好經營管理。經營的路上不停跌跌撞撞、重複著失敗錯誤，才終於摸索出經營哲理。

現今，日本有百分之九十九的公司都是中小企業，這些企業的經營者，跟過去的我一樣，不知該如何經營，也找不到能傳授他們經營本質的地方。

當然，上大學或許能學到經營理論，也能接觸到經營的實務案例，但經營上最重要的，該具備的「心態」，卻是哪裡也不會教的。

對於這些經營者，我難道不能盡一點綿薄之力，把累積至今的體驗與智慧，傾囊相授嗎？基於這個想法，「盛和塾」於焉誕生。

雖然盛和塾已於二〇一九年結束所有的活動，但它的影響力，不只在日本發酵，也在中國、巴西、美國等國家發光發熱，塾生人數多達一萬三千多人。

「盛和塾」成立超過三十五年，我能說的，都說盡了。今後，希望我所說過的關於良善動機的主張，塾生們能真的打從心底接受，並在各自的舞台上讓它開花結果。

第3章

以堅強意志達成目標

當下覺得「辦得到」就真的能達成

能達成一件事的人，與無法達成的人，差距只在毫釐。

當眼前出現前所未見的障礙，就算是一座必須仰望才能看清全貌的高山，成功的關鍵只在於當下能不能對自己說「一定能超越」，並踏出第一步。抑或是，能不能去想「如果是我，一定能爬過這座高山」。

如果當下夾雜著一絲「應該爬不上去吧」的猶豫與懷疑，就會停下腳步，不繼續往上爬；即便事後拚命認為「不！其實我能爬的」，也已為時已晚。就因為繼續前進或縮回的那一步，讓命運出現截然不同的結果。

首先，請堅定不移地相信「我可以」，光明的未來必在前方。接著，每當遇到挫折的高牆阻擋，別氣餒，也別放棄，要與它正面相迎。

一旦抱持如此堅定的意志邁步向前，原本處於一團迷霧之中，看不清該往哪裡走的你，眼前的迷霧會倏然消散，讓你找到幾條通往成功的道路，而原本在遙遠彼岸、看起來只是一個小點的成功，也在不知不覺間突然變大，來到你伸手可及的地方。

京瓷初創時期，為了開發新客戶，我帶著下屬登門拜訪無數家公司，不斷進行業務推銷。

但因為來訪的是既沒實績也無信譽的不知名小公司，對方十之八九會賞我們一頓閉門羹。就算這樣，我們依然不放棄，不斷磕頭拜託，希望見個面、遞個名片也好。

就算終於見上一面，最後還是以「我們公司只跟關係企業採購零件，絕不會向你們這種名不見經傳的小公司下訂單」等冷漠的說詞拒絕。這種情況不停發生，讓同行的年輕員工大受打擊，意志消沉，有時甚至留下憤恨的眼淚。

每當這種時候，我會帶著振作自己同時也勉勵大家的心情，如此鼓勵下屬，「才一兩次挫折，就夾著尾巴想逃，以後該怎麼辦？不管眼前矗立著怎樣的高牆，只要先想『我一定能超越』就好。親手摸摸這面牆，或許它不是石造的，而是紙糊的，如果是紙糊的牆，打破它就好；如果是石造的牆，想想該怎麼越過它就好。這些都不去做，只會說『辦不到』然後縮手，那只是怠惰而已。」

換言之，「覺得不行時，就是工作的開始」。愈是遇到困難的狀況，愈該相信一定有破除困難的路，並專心一致朝這條路前進，此時，命運之扉必將為你開啟。我把這些話送給部下的同時，也讓它深深刻在自己心中。

開發成功的祕訣在於「不放棄」

從一個小小的鄉下工廠發跡的京瓷，能夠受到國內外注意，完成飛躍成長的契機，都要感謝世界級電腦大廠——國際商業機器股份有限公司（ＩＢＭ），當時向我們採購組裝在大型通用計算機裡的中樞零件。

當時這份採購量，高達他們一年銷售量的四分之一。他們捨棄德國知名陶瓷製造商，轉而向我們下單，我們高興地舉辦了壽喜燒派對，慶祝一切終於苦盡甘來，怎料快樂的時光不到三年，又開始了另一段宛如在石頭堆裡匍匐前進的苦難。

ＩＢＭ提出的品質標準規格，相較當時的技術水準，豈止晉級了一、兩位；尺寸的精確度，也比我們過去曾接觸過的，要嚴格了幾十倍。當時的京瓷，別說測量做好的零件的機器了，就連製作零件的設備，都很缺乏。

不過他們的嚴格，燃起了我的熊熊鬥志。這不只能讓京瓷這塊招牌更廣泛地被國內外認識，也是提升我們的技術能力，達到世界等級的絕佳機會。我下定決心，「一定要讓你看到，我們辦得到！」

我開始以工廠為家，吃住都和員工們在一起，同時指導監督零件製造的所有過程。員工們一連好幾天戰勝疲勞，專注工作，終於熬到體力不支，拖著昏沉疲憊的身軀回家，我都會一一對他們說「這麼晚下班，辛苦了，謝謝你」，目送他們離開後，我又繼續留下來工作。

我會重新檢視之前的作業，有沒有必須注意、改善的地方；如果有，就會讓我坐立難安，不惜工作到深夜，常常回到工廠附設的宿舍休息時，天都快要亮了，所以員工才會給我一個封號，叫我「早上先生」。

經歷了千辛萬苦，終於完成試作品，但交到客戶手上，卻被打上

「不良品」退了回來，一切又回到原點。客戶只說，光看顏色就不對，連送去判定品質合不合格都不需要，於是我們又要從檢討材料開始，從頭來過。

究竟要到什麼時候才能完成？我彷彿記得終於收到對方的合格通知書了，真的好快樂，卻在一覺醒來，發現一切只是一場夢。這種情況出現了好幾次。

在不斷摸索又不斷失敗中，員工們偶爾會留下無能為力的悔恨之淚，卻還是繼續打起精神為公司效力。

接到客戶訂單後，過了紮紮實實的七個月，這些辛苦終於結成果實，化為幾度出現在我夢中的合格通知書。此後，我們工廠變成二十四小時不停的產線，為了應付爆量的訂單，為了能如期交貨。

在世界級電腦製造公司的磨練下，得到製造通用產品的寶貴經驗，也替日後的京瓷立下很大的信心。

在那之後，京瓷透過研究開發，不間斷地推出新產品，每當被問到「這項產品開發，成功的機率有多少」，我會毫不遲疑地回答「我一定會讓經手的開發案成功」。事實上，當時我所經手的專案，的確每個都成功了。

若問成功的祕訣為何，只有一個，就是「不放棄」。

一旦著手研究開發，我相信「一定可行」，就算中途遭遇什麼難題，出現何其大的障礙，也絕對不放棄，步伐依舊向前邁去。如此心態，能化為戰勝任何困難的力量，指引我走向成功的彼岸。

永不放棄的精神結晶，開拓出寶石事業

成就事業需要強大的心理素質，說穿了，就是「滴水穿石的堅強意志」。這裡所謂的堅強意志，並不是像狂風暴風一樣勇猛、粗暴。而是，為了讓事情順利進行，內心需要湧現的安靜、沉穩，卻又非常強烈的想法。

當被不可期的障礙阻擋，讓你大喊「我不行了」然後倒下，接著又從倒下的地方，拍拍身上的灰，重新站起來。像這樣瞄準成功目標，默默重新來過好幾次的意志——就是絕不放棄的心、永不退縮的精神。

這種精神，好比能穿透岩石的水滴，雖然只是小水滴，但經年累月持續不停地滴落，也能把巨大堅硬、紋風不動的大石頭，穿透出一個洞。如果能具備如此堅強的意志，再困難的僵局，也一定能開創出一番新天地。

這個「滴水穿石」、永不放棄的心，造就了另一個成功案例，就是我們的「人工寶石」事業。

京瓷創立以來，以精密陶瓷技術為主軸，發展了各個事業部，為了讓業績有更高的成長，我們考慮多角化經營，決定進入「人工寶石」業。因為人工寶石的技術，是我們過去開發技術的延伸，這個領域能展現我們技術的強項。

說到寶石中的翡翠，現在已經很難採集到高品質的原石了，市面上盡是品質不佳、定價又貴的翡翠。有鑑於此，我們決定運用累積至今的技術，去實現女性想用美麗寶石妝點自己的夢想。

但實際挑戰後才發現，這真是個不折不扣的苦差事，絕不是尋常辦法能應付得來的。雖然日以繼夜不停開發研究，寶石的結晶體絲毫沒有變大，製造出來的大小，頂多就是顯微鏡下才看得到的超細微的量。

研究員們沒有因此氣餒，「再試一下，能向前一步是一步」地不停努力，終於喊著「完成了」，但拿到我眼前的，只是一顆比米粒還小的結晶體。

遲遲沒有進展，眼前看不到希望，甚至還會在意識不清中，懷疑能做成商品的結晶體究竟何時才能出現，但我還是不停鼓勵研究員們，「雖然現在只能產生非常微小的結晶，不過一旦成功，就會創造出空前絕後、令世界所讚賞的成果。人的能力是無限的，把能力當作『未來進行式』看待，不斷挑戰再挑戰吧！」

在那之後，原本結晶一直停滯在豆子般的大小，經過勤懇踏實的研究開發，終於讓結晶一點一點地變大了。

最後，終於結出清透無瑕的綠色六角柱大結晶。我們擷取其中美麗的結晶部位，製作出成色、輝度等各方面都是最高等級的合成翡翠。大功告成的這一天，是進行開發後的第七年。

我左手無名指上，戴著之前戴在拇指上的大「翡翠」戒指，這塊「翡翠」，就是第一次研發成功所擷取下來的，值得紀念的美麗科學結晶。這也是員工們不屈不撓、不斷挑戰的「願念結晶」。

驚人的「念頭力量」，推動文明的進步

無論再困難的目標，只要把朝向目標的人的最大欲望與潛力激發出來，就能化不可能為可能——這就是「念頭」的力量。

所謂「念頭」，換句話說，就是心靈畫布上描繪的想法、遠景、夢想及希望等，可以說是心靈運作的本身，也可以說是心靈運作後產生的意圖或意志。

人類採取一切行動的原動力，就是念頭，倘若不曾「產生念頭」，現實中的這一切，就不會發生。

想讓心中所描繪的「念頭」化為現實，只是籠統地想「如果能這樣就好」是不夠的，要抱持堅定不移的意志，打從心底不停地去想「一定要這樣」。若做不到這一點，念頭是無法成為事實的。

人類之所以能建立現在這樣的高度文明，基礎就在於心裡描繪出強烈的「念頭」。一開始在地球上生活的原始人，透過在山野、大海、河川採集食物而活，過著所謂的狩獵生活。

不過，這種生活容易受到天候與自然環境影響，變得有一餐沒一餐，非常不穩定。於是，我們的祖先基於「想擁有安定安心的生活」這個強烈念頭，開始開墾森林、耕作農田、種植作物，要生活型態進化成農耕生活。

不僅如此，為了增加收成，不斷思考如何提高生產效率，加入創意巧思後，終於製作出精密機器，技術開始高度發展。希望過著便利且富饒的生活，這個強烈的「念頭」，激發人類做出無數的發明與發現，高度文明的社會於是誕生。

基於「想快點到達目的地」的想法，發明了蒸汽火車，馬路上也出現了汽車；基於「想在空中飛翔」的迫切希望，發明了在空中飛的飛機；懷抱著「想去宇宙旅行」夢想的人類，總有一天也會朝地球之外的太空飛去。像這樣，以心所描繪的念頭做為原動力，讓人類文明迅速向前推進。

現在的我們，是不是把念頭的重要性，遺忘在某個角落了？我不得不去想，我們變得只會重視腦袋所產生的「思考」，而輕忽了一切源頭的「心」，以及隨心而出的「念頭」。

擁有強烈的念頭，並讓這個念頭不斷發酵膨脹，即便當下覺得是不可能的想法，但總有一天也會實現。

假使設立了遠大的目標，希望有一天能達成，那麼首要之務，就是抱持去實現它的強烈念頭。然後，你就會親眼見證念頭擁有多麼了不起的力量，真的能讓你「心想事成」。

為實現遠大目標，想法必須一致

不只如此，當公司、集團或組織設立了遠大目標，全體員工都想讓這個目標實現時，就更能彰顯擁有相同念頭的重要。換句話說，就是讓思考的方向統一，讓意念化為一致。

自公司規模還很小的時候開始，我習慣在一天工作結束後，集合在場的幹部，對他們熱切地訴說自己的想法、哲理，以及今後要進行的事業。

談話的內容遍及各個領域，包括了公司的使命、對事業的想法、任職的意義、工作的價值、度過人生的方法等，我會不停說一、兩個小時，直到在場所有人都露出「我真的懂了」的表情，我才會停止。

有人會覺得，這些時間拿來工作比較好，為何要花在教誨上，但我更看重的，是讓全體員工的想法一致這件事。

因為，其中蘊含著京瓷創立的初衷。當時，京瓷只是一間小公司，員工不到三十人，既沒資金，也沒實績，更別說什麼信譽，就像一吹就動的無根浮萍一樣。技術出身的我，完全沒有經營方面的知識與經驗。

我常常感到不安，覺得肩頭上的重責大任快要把我壓垮，於此同時，卻又不停認真探求經營的「真理」。

如此絞盡腦汁得到的唯一結論是，要以「人心」為基礎來經營公司。人心的確易變，但當它牢牢繫在一起，卻能發揮誰也無法攻破的強大力量。

首先，要讓員工同仁互相信賴、彼此理解，同心協力工作。讓整個公司就像一個大家庭，每個人都是共同經營公司的夥伴，本著相同的想法、擁有同樣的熱情，一邊互相扶持，一邊向前邁進。我想讓公司成為這個樣子，除了這份心之外，關於經營技巧，我一概沒有。

不過實際去統一整個組織的思考方向時，一定會出現「那不就是思想統治嗎」的抗議與反抗。

這麼做當然不會侵害個人思想自由，如果每個人都以隨興的想法與各自的價值觀來工作，對集團來說，什麼事也會做不好的。

倘若想達成遠大的目標，就必須讓每一個員工的想法一致、思想整合，也就是說大家不團結是不行的。

所以，領導者應該抓住所有能抓住的機會，透過全心全意認真投入的態度，把自己的想法、希望瞄準的目標，不厭其煩地直接傳遞給屬下。一旦這些內容被認為是有說服力的，就會像流水一樣，滲透到他們的心裡。

我為了讓自己的想法與哲理被理解，運用我僅有的知識與智慧，洋洋灑灑正反論述，不厭其煩解說理念，只希望員工能接受，偶爾還會跟員工激烈地辯論起來。不搞小動作、不打迷糊仗，只知道不要放棄，與員工正面相迎，想盡辦法讓員工接受它。

如果怎樣都無法理解我的這些理念，我不會提出便宜行事的妥協方案，甚至會讓員工自己選擇離職。你可能覺得這麼做太過極端，但想法整合、心念統一，就是這麼重要的一件事。

企業再生的第一步是讓思想統一

著手日本航空（ＪＡＬ）的再生時，我所做的，只是去改變員工的「心」，讓公司上下抱持一樣的想法。

在日航宣布陷入經營危機，由我接下會長一職時，當時的企業再生支援機構，已向我展示了日航的企業重建計劃。也就是說，「要如何重建」的草案，早已寫好備妥了。

但問題是，沒有執行的人。

之所以會陷入經營危機，是因為包含高層在內的全體員工，都覺得應該會陷入危機。

倘若不先改變這種心態，就算推行再好的對策，也於事無補。

日本航空的重建期設定為三年，我告訴自己，一定要在三年內讓日航再起。

因此，必須在這麼短的時間內，培養出能在第一線執行重建計劃的領導者。我將日航的經營管理階層，連同從京瓷帶過來的幹部集合起來，打算要在一個月內對他們集中施行領導教育。

想當然爾，內部出現各種反對聲浪，一方面是因為很少人了解領導教育的重要；另一方面則認為，公司都已經面臨生死存亡的危機，為什麼一個禮拜還要花好幾天把全體幹部集合起來，只為了悠悠哉哉開讀書會。

即便如此，我還是告訴大家這很重要，所以我決定每週親自授課一次，才終於讓領導教育順利推展。

我透過課程想告訴大家的，既不是組織經營術，也不是勞工管理法。我最先做的，就是宣揚截至目前為止我的經營者人生中，重要的想法、理念、行為規範等「哲學」。

像是什麼呢？像是「對工作全力以赴」、「別忘了心存感謝」、

「常保謙卑與真誠」等等，盡是一些小時候父母教育我們的、學校老師告誡我們的基本觀念與道德教化。

一開始聽到這些內容，參加領導教育的幹部們難掩臉上的疑惑，不少人覺得很抗拒，「為什麼要在這個節骨眼，叫我們學這種小學程度的東西？」

面對他們的不解，我會送給他們下面這段話，「大家可能覺得這很幼稚、很理所當然、很沒程度，是每個人都知道的常識，不過，有幾個人真的去切身實踐、身體力行呢？這些不起眼的道理，就是導致公司危機的元凶。」

在我不屈不撓、不厭其煩傳遞這些想法後，理解我的人從一個、兩個開始慢慢增加，最後終於讓每個人都露出真摯表情，繼續聽我演講。

不只幹部要接受「領導者教育」，這樣的精神也要擴及一般員工，以全體員工為對象的「哲學讀書會」，也如火如荼進行。終於，公司內部發展出自己的一套「ＪＡＬ哲學」。

隨著ＪＡＬ哲學深入員工的心，公司業績出現驚人的成長，成果遠超乎預期。

員工心境轉變，公司就會徹底不同

過去能夠在日本航空擔任經營管理要角的，都是所謂的精英分子。他們從一流大學畢業後，幾乎不曾站在第一線賣力過，只會用大腦擬定計劃，以「上意下達」為中心思想來運作公司。

而所謂的經營，不懂現場是做不好的，所以首先要改變這樣的組織結構；在大幅調動後，讓在第一線賣力的員工，接下經營的重責。

我只做了這項調整，就讓第一線員工變得幹勁十足，精神奕奕地賣力工作。每個人都在各自的崗位上，自動自發地把最棒的自己發揮出來。一旦想到自己要負責公司的經營要務，看待工作的態度就會變得截然不同。

我也會常常跑到第一線視察，找機會與站在第一線的員工直接對話，與他們聊聊每天工作的心得，並希望他們與客戶接觸時，要秉持著一顆「利他的心」。

特別是與搭機乘客直接接觸的空服員與飛行員，他們的心態大大影響了公司的未來。如果他們的應對進退讓客人覺得溫暖貼心，客人就會想要再次搭乘；如果讓客人覺得服務不到位，客人就會漸漸流失，他們直接左右了公司的命運。

我會走到空服員前面，對他們說，「希望客人會覺得『好想再搭那家航空』，想讓我們變成那樣的航空公司，最重要的關鍵，就在於各位的『心』。服務客人時，不能流於形式，要把對客人的感謝、親切、溫暖、體貼之情帶入。做不到這一點，公司就無法重生。」

機長或空服員進行機內廣播時，不要像是例行公事一樣照本宣科，而是要帶著體貼的心，把自己想講的，用自己的方式說出來，我希望大家能把滿腔的感謝與服務的熱情，化成有血有肉的真摯言語，透過廣播傳遞給乘客。

的種子一樣。

基於正面心態做出的正面行為，一定會帶來正面結果。我告訴員工，抱持這樣正面的心情工作，就像在每個人的人生心田上，撒下幸福的種子一樣。

我沒把握我的這些話能不能對員工起得了作用，不過我真的錯判了，員工的心的確出現了巨幅的轉變。這些轉變，具體展現在二〇一一年的「３１１大地震」發生時。

當時因為淹水，機場變成陸上孤島，我們員工提供前來避難的當地居民食物和毛毯。某位空服員，為了長時間關在機艙的客人，煮了一大鍋白飯，並捏成飯糰，發送給每位乘客。

有機長透過撫慰人心的廣播，感謝前往災區救援的日本紅十字會人員；也有空服員在這些人員的行李中，偷偷塞進慰勞與鼓勵的字條。

我甚至聽說，原本要隻身前往關西與家人會合的老婦人，因為航班取消而受困機場，於是非執勤中的員工帶著她，轉乘好幾種交通工具後，順利把她送到關西機場。

以上這些行為，都不是作業手冊上規定的，也不是受指示而做的。現場如同戰場，狀況無時無刻都在變化，每位員工都只是秉持著「現在能為客人做些什麼」的想法做出行動。

日本航空的再生，不光只是再生計劃順利進行而已。從每一位員工心境徹底轉變來看，再生計劃到達了真正的「心靈改革」境界。

不放棄的意志力，能使公司起死回生

像這樣，公司能不能發展、會不會改變，關鍵或許就在於，與這份工作相關的所有人的心態。

尤其對經營者來說，最重要的就是永不放棄的強韌意志，即便面對任何狀況，都要找到一條活路。沒有這種精神，就不能好好經營公司。

讓我強烈意識到這一點的，是投身經營世界、歷經京瓷股票上市的時候。我親眼看到，許多企業把視為是對股東承諾的下一季業績報告，以經濟不景氣為由，隨意向下修正。

如果這種事變成常態，員工也會認為公司訂定的目標只是隨口說說，喪失幹勁與士氣。

另一方面，就算大環境經濟再怎麼嚴峻，不管遭逢什麼不可預期的逆境，還是有經營者能完美達成所設立的目標。

在今天這個瞬息萬變的年代，不管外在環境狀況如何，若沒有宛如熊熊烈火般「無論如何都要達成」的堅強意志，很難讓公司成長發展。

仔細想想，還真是找不到一個時期，日本的經濟與經營環境是完全順遂無礙的。尤其是戰敗後，日本經濟面臨前所未有的困難，大家都認為百年內難以復甦，然而日本經濟卻如不死鳥般，從戰火燒過的餘燼中，再度振翅起飛。

既無資本，也無資源，人才不夠，技術也不足，在這麼多不利的條件下，從如此難施拳腳的困境中，好幾個中小企業卻能發展成世界數一數二的大企業。

就像荒野孕育出不怕風雨的雜草，這些企業憑藉雜草般的堅韌，撐出戰後日本奇蹟復甦的一片天。

推動這一切的原動力，就是心中默默燃起的堅定意志，與絕不輕言放棄的精神，以及希望、熱情、鬥志等等。我認為這些都是「念頭」，都是源自於「心」。

今後還有許多困難需要克服，也還有許多不可預期的問題需要面對，正因如此，對於完成日本經濟復甦大業的前輩們，我們必須拿出不輸他們的意志與熱情來經營事業。

無論遭遇何等逆境，要預見光明的未來，相信一切的可能，運用智慧，不斷探尋解決之道。

這時你需要的，正是絕不放棄的心，以及勇於突破任何困難壁壘的強韌精神。

相信未來向前行，會聽到「神的呢喃」

抱持熊熊烈火般的堅強意志，本著光明樂觀的心，腳踏實地朝目標一步步邁去，即便走到一個四周全被堵住、完全看不到去路的地方，只要爬上高處，視野便會頓時開闊，一直抱持的煩惱與疑惑，也會瞬間一掃而盡。

我把這稱作是「神的呢喃」，只有帶著信心一步一腳印朝未來踏去的人，才能得到上天送來的「犒賞」。

我在大學畢業後服務的第一間公司，成功合成出用於電視映像管絕緣體的鎂橄欖石，但進入量產階段遇到的最大難關，就是不知該如何讓這個鎂橄欖石成型。

想讓陶瓷原料粉末成型，必須加入「結合劑」，就像揉製烏龍麵那樣。不過，尋覓良久，我始終找不到不會影響純度的優良結合劑材料。我還把鍋碗瓢盆帶進公司，吃喝拉撒睡幾乎都在公司解決，每天不停在試作與失敗中度過。

某天，我走在公司走廊上，鞋底好像被什麼東西卡住，翻開一看，真的有個東西黏在鞋底上面。那是個用於實驗的石蠟，但被某個人丟在走廊上。

「到底是誰把它放在這裡？」我幾乎要喊出我的不滿時，注意力轉向鞋底，屏住了呼吸，眼睛眨也不眨地盯著鞋底看，腦中突然閃過一個念頭，「把這個石蠟加進原料粉末裡，試試成型的效果如何？」

成型後的材料經過高溫燃燒，用來結合的石蠟會被燒盡，就能製造出純度維持原狀的產品。

這個過程就像是「神的呢喃」，當我認真勤勉於工作，專心致力於研究，神看到這樣的我，可能覺得可憐、可能想給予鼓勵，於是出手幫忙，讓我不得不作如是想的奇蹟，終於發生了。

同樣的狀況，也發生在京瓷創立之後。

當時，美國某半導體製造商詢問我們，是否能開發、製造由兩片陶瓷薄板貼合而成的積體電路（ＩＣ）封裝。

我們火速組成研究開發團隊，展開相關的測試與實驗，但這份差事，遠比想像中要困難好幾倍。我們不只是第一次製造薄如膠帶般的陶瓷片，也是第一次要把它們疊在一起燒製，而且陶瓷片上，還必須印刷能讓訊號通過的複雜電子迴路。

在不停的嘗試與失敗中，我突然靈機一動，何不試著做出像「口香糖」般的薄片呢？如果用既有的陶瓷粉末凝固法，讓事情進展不順利，那何不乾脆做成口香糖般有黏性又柔軟的陶瓷片呢？

另外，幫我們解決陶瓷片上印刷電子迴路問題的，則是京都某西陣織染物店。這個店家擁有所謂的絲網印刷技術，幫我們把耐熱的金屬粉末調成糊狀，將它印刷貼合在如口香糖般的陶瓷片上，再高溫燒製。

經歷以上過程，製作出「多層陶瓷封裝」，被當時矽谷的某半導體製造商採用。京瓷以幾乎獨佔的姿態，持續供貨給這家公司，也讓京瓷的業績呈飛躍成長。

這次的開發之所以成功，要歸功於一路培養過來的挑戰精神與不撓鬥志，以及神諭般的靈光乍現，也就是所謂的「神的呢喃」。

「接下來我們要做的，是別人認為我們絕對做不到的事，」過去我曾把這句話掛在嘴上，對未來充滿希望，樂觀認為一定會進展順利，這樣的念頭，能化不可能為可能，是讓能力得以發揮的最大食糧。

第 4 章

貫徹正知正見

從父母身上遺傳到兩種迥異的特質

每每想到自己的個性從何而來的這個問題，我便認為是分別從父親與母親身上遺傳過來的。

從父親身上，我遺傳到膽小謹慎、凡事考慮再三的個性，以及對任何事都真摯面對的態度。

前面提過，我出生於鹿兒島，老家在戰前經營印刷公司。父親工作時，態度勤勉誠實，嚴守交貨時間，對貨款金額不會發一句牢騷，因為這樣的人格特質，受到許多人的信任與愛護。

不過，父親個性太過謹慎，不只是「敲石過橋」而已，而是「敲石確認橋很堅固，也不願過橋」的個性。某個人看好父親工作的狀態，勸他導入自動製袋機，購機的錢以後再還都可以，但父親只是不斷拒絕，直至再也找不到理由拒絕，才導入機器。

他可以把錢借給別人，卻很討厭向別人借錢。就在戰爭結束前兩天，一場空襲，把我的老家與工廠燒到只剩灰燼，所以戰後，母親一再勸父親重新開設印刷廠，但討厭借錢的父親，始終不肯點頭。

我跟父親一樣，也有謹慎到幾近膽小的一面。

例如，大學時期的考試準備，我認為臨時抱佛腳，可能會因為朋友突然邀約，或身體突然不適，而沒時間念完考試範圍就去應考；為了不變成這樣，我擬好完整的計劃，提前一個禮拜就把考試範圍準備完，不管考題從哪裡出，我都要得到滿分。

我自從幼年時期染上肺結核後，身子變得虛弱，容易一下子就發燒，致使我養成提早準備並提早做完的習慣，這項習慣也對之後的公司經營幫助良多。

話說回來，相較於這麼謹慎小心的父親，母親總是開朗豁達。她永遠只看好的一面、總是做事積極，會鼓勵遇事便垂頭喪氣、難以振作的父親，常常在背後支持著他。

對我家來說，母親就像太陽，永遠照亮著我們，也由於她善於交際、待人親切的個性，讓父親的印刷廠員工都很喜歡她。

我不管處於怎樣的逆境，都還是保持開朗、樂天的態度，我想就是受到母親的影響。

母親還具備某種「商才」，也就是很有生意頭腦。

自從老家受戰火摧殘，母親代替完全提不起勁工作的父親，扛起養家重責，拿自己的和服去典當，拿典當的錢去黑市買衣服，再拿衣服去換米跟菜來養活全家。

戰前，印刷廠生意好、收入佳的時候，父親習慣把現金存下來，當成財產，相較於此，母親則勸父親拿這些錢去購買售價便宜的房子或土地，只是頑固的父親聽不進去。

結果，戰後受到高通膨與新幣制的影響，現金價值突然暴跌，不禁感嘆母親的眼光才是對的。

或許就是母親的「商才」，影響了之後成為經營者的我。

父母教會我貫徹「正道」的重要

個性如此對比的父親與母親，卻有一個共通點，就是不允許不公不義，要讓「正道」得以貫徹的風骨。

小時候，我只要跟別人吵架吵輸了，哭著跑回家，母親一定會問我為了什麼而吵，然後說「如果覺得自己是對的，就再去找他吵，吵贏再回來」，並拿起手邊的掃帚作勢把我趕出門。

而父親方面，則讓我想起這件事。

小學時的我，是大家口中的孩子王，某次，我與同夥欺負班上某個有錢人家的小孩，因為班導對待那孩子的態度，與對待我們這群「壞孩子」比起來，差別很大。例如，我與同伴們上課舉手發問，老師也不會認真回答，但若是那孩子發問，老師回答得既清楚又仔細；家庭訪問時，老師來我家玄關站著說沒幾句話就要離開，但去那孩子家，不只進門拜訪，還與他們一邊喝茶、一邊聊天。

放任這麼不公平的事發生真的好嗎？我愈想愈氣，在放學回家的路上，與同伴一起埋伏等著那個有錢人家的孩子，把他團團圍住後，欺負他，最後把他弄哭了。

結果，想當然爾，被老師叫去痛斥一頓。即便我跟老師抗議「為什麼只會偏袒他」，老師只以「別那麼多意見」（在鹿兒島，反對長輩時，常被這麼唸），給我一記悶棍。

母親被學校叫了過去，最後跟我一起走回家。晚上一坐上餐桌，應該已經聽說事情緣由的父親問我，「今天發生了什麼事？」

我把來龍去脈告訴他，說到「老師不該這樣偏袒」時，父親小聲說了一句「你做了你覺得正確的事情呢」，然後就什麼也沒說了。

父親默默認同我那小小的「正義感」，讓我格外欣慰，也覺得這樣的父親很可靠。

即便逆風而行，也要步上正道

對的就表示贊同，不對的絕不允許；重視事物條理，使其符合道理的風骨氣概，我的父親與母親同時具備，也讓我在不知不覺中，向他們學習看齊。

回頭想想，我面臨任何局面時，從來都不是以自己的得失做為判斷基準，而是以事情本身的對錯來採取行動——換言之，就是藉由「貫徹正道」來突破難關。

不管面臨的問題多麼困難棘手，也不允許自己去妥協迎合，只要眼前是對的路，硬著頭皮也要走下去。換句話說，我永遠只有一招，就是正面突破解決問題。

我並不是從一堆招式中，決定選擇正攻法，而是我只會這個，不選擇不行，所以總是比別人加倍辛苦。

如前所述，我的職業生涯從精密陶瓷的技術者展開，成功開發出獨一無二的新材料後，被拔擢為新設部門的主任，負責生產使用此材料的產品。當時我才二十幾歲，就當上年輕主管，不少部屬的年紀都比我年長。

當時服務的公司，是一家長年被銀行接管的不賺錢公司，員工待遇很差、勞資糾紛不斷，員工的道義與士氣低落，很多員工為了賺加班費，不需加班的時候也硬要待在公司裡。

這麼佔公司的便宜，別說業績會增加了，反而會讓公司的財務狀況更雪上加霜。因此，即便我還年輕，只要看到有人在偷懶，一定會對他嚴加喝斥。

看到我這副盛氣凌人的模樣，一位前輩曾給我忠告「你說得很對，但太過嚴苛了」、「稍微鬆懈就被你罵得狗血淋頭，他們只會討厭你、不想親近你，是不是該設想一下他們的心情呢？」，由於他說的也有道理，讓我陷入了苦思之中。

但是，不管我怎麼思來想去，正義感絲毫不受動搖，「或許我說的話讓部下反感，但觀念絕對沒錯。我還是覺得，對的事情，就應該主張它是對的」，這個想法愈加茁壯，儘管逆風而行會遇到許多困難，我把自己認為對的事情說出來、做出來的堅持，是不會改變的。

這讓我覺得，我像是一個人在攀登斷崖峭壁一樣。

不管矗立在眼前的阻礙是何其堅固龐大，我都會用盡全身力氣直直朝它爬去，不會轉向或迂迴，堅持走自己相信的路；我會先說聲「攀岩，請多指教」，然後一步步爬到險峻岩壁的頂端。

同行的夥伴看到我的舉止，一半覺得不苟同、一半覺得看不慣，於是有人脫隊，又有人決定中途折返，最後回過神來，只剩我一個還在攀岩。現在我的感覺常常就是這樣。

我還是經常會被孤獨與恐懼侵襲，就算如此，我依然只會用正面突破的方式來解決問題。

正因為選擇正確的生存之道，人才會遭遇困難

因為我是這樣的人，所以總是跟工會的人不對盤。想守住勞工的權利，我覺得前提是自己要先認真工作、讓公司變好，所以我常批評那些只知道罷工的工會幹部「邏輯不通」。

這樣多次一來一往之後，終於發生了一件事。他們只會一味地強調自己的權利，滿嘴的不公平、不滿意，工作也不認真做，要他們注意的地方也當作沒聽過，這種人在我職場裡就有一個，某天我實在對他沒轍了，終於跑去對他說，「我說了這麼多，你還是不懂的話，這個職場不需要你了，請你辭職吧。」

這段話成了導火線，我變成工會群起攻擊的對象，當事人控訴「那個人沒有權力炒我魷魚」，工會成員聽了這番話眼睛都亮了起來，趁著午休，把我帶到公司廣場，要我站到包裝用的箱子上，然後成員們開始批鬥我，「這個男的是公司的走狗，使喚我們、諂媚公司，就是因為有這種人，弱勢的勞工才會被壓榨、才會過得如此辛苦，這種人才應該要辭職。」

我既不是公司養的狗，也不是存心與工會為敵，我反駁自己只是貫徹了生而為人該做的正確的事罷了，但他們聽不進去，各種離譜的找碴行徑，終於讓我斷了理智線，大聲撂下一句，「我知道了，如果比起對工作不滿、做事意興闌珊的人，會為公司著想、拚命認真工作的人反而適合辭職的話，那我馬上辭職。」

公司的幹部聽了趕緊介入「好了、好了」地打圓場，我才決定暫時留在公司，但這件事並沒有因此結束。

那天晚上，我從澡堂要回宿舍時，幾個工會成員在路上攔住我，準備要圍毆我，他們一路追著抱個臉盆跑回宿舍的我，一群人還湧進宿舍裡，在一陣混亂中，我的額頭撞上玄關玻璃門的門框，眉頭破相受傷。

傷口汩汩流出血來，樣子看起來應該很可怕，不過，不知是不是被我那毫不畏懼的氣勢給鎮住，他們就這樣收手回家了。

隔天，他們可能輕蔑地以為「稻盛那傢伙受了這一頓教訓，應該不敢再來公司了」，卻看到我頭包繃帶又來上班，不禁露出驚慌失措的樣子。現在回想起那個表情，還是非常鮮明。

當你在貫徹正確的事情，比起說「這是一件好事」，然後在背後倒幫你一把的人，那些說你「幹嘛假裝正義」而毀謗中傷你，並在後面扯你後腿的人，其實還要更多。就算這樣，請務必要有「對的事就要貫徹」的覺悟。

或者應該說，正是因為選擇了正確的生存之道，我們才會遭遇困難。西鄉隆盛曾說，「行道者，固逢困厄，立何等艱難之境，事之成否，身之死生，無關也。」（出自《南洲翁遺訓》第二十九條）

意思就是說，「遵循正道的人，一定會遭遇困難辛苦。所以，不管面對怎樣艱難的局面，不要去執著事情的成敗、自身的死活。」

西鄉自己為了通達道理、竭誠盡心、貫徹正道，從年輕開始就遭遇各種艱難困苦，但他把這些當成養分，師法無論發生什麼事都不被撼動的山，去培養不會動搖的心志。

他愈是遭遇困難挫折，心愈是不為所動。

愈是拚命走上本來就應該走的正道，遇到的困難愈多，這就像是上天給我們的試煉，也可以說是磨練心靈的機會。因為這些試煉與機會，我們的靈魂得以漸漸被淨化，人生才能慢慢變豐盈。

年輕時的我，憨直步上自己相信的路

之後，我向服務的公司遞出辭呈，與願意相信我、跟隨我的七個夥伴，一起創立了新公司，就是京瓷。當時我把整件事的來龍去脈，全都詳細寫在給父親的家書中。

其實我已經忘了還有這封信，父母默默保管著，當兩老去世後，整理遺物時，我才又拿回它。

信中寫到當時任職的公司，經營狀況愈來愈危急，大量解雇員工，除了我率領的課之外，其他部門的業績都一蹶不振，公司也想不出重新振作的方法，問題堆積如山，社長與部長等級的幹部只能兩手一攤，只剩我還在費盡心思尋找對策。

我在進公司的第四年當上課長，所率領的課發展很好，卻有人看不慣，說要把我們課正在做的研究，拿過去繼續做，我激烈反對，憤然遞出辭呈。

重讀這封信時，當時被逼急的情況，彷彿歷歷在目，「他們這些人，全盤否定自己迄今所做的事，卻伸手要把我所做的工作給奪走，還說只讓我試作，不讓我做我視之為命的研究，這到底是在搞什麼（中略）……剽取我辛苦至今的研究成果，把五百萬元研究補助金全部拿走，如果讓這群沒道義的傢伙把我的研究心血全部奪走，我不知道自己這麼努力撐到今天，到底是為了什麼。」

然後還寫到，「我斷然拒絕，但意見不被採納，我說不能眼看部下從一直努力的工作中抽手，要他們被迫接受『漸漸貧乏』的工作內容，於是遞出辭呈。」

我遞出辭呈後，社長以下的幹部們跑來慰留我，「你辭職的話，公司會倒閉的，拜託重新考慮一下」，還提到會給我加薪，希望我留下來。對於他們的請求，我斷然拒絕說，「如果幫我加薪，我就撤回辭呈，那我的信念算什麼？」

信中還提到，除了要為新公司（京瓷）的成立作準備，也要盡快迎娶當時公司同部門的現在我的妻子，內容眼花撩亂，當時我的人生正逢多變之秋。信的最後，以下面這句話作結，「這就是我要做的事，我一定會讓事業有成，請勿擔心，儘管放心就好，兩、三年後，公司就會變得不一樣。在那之前，是辛苦的耕耘期。」

以幾近笨拙的方式貫徹正道，是我從年輕時就展露的天性，也正是因為貫徹對的事情的堅持與自負，才讓我堅信事情一定會成功。

就像這樣，我唯一會做的，就是朝自己相信的路，心無旁鶩地朝之邁進。

將身為人該做的「正確的事」置於經營原點

創辦京瓷後，我馬上把「什麼是身為人該做的事」當成經營判斷的基準。

「從今以後，公司經營方面，我想把焦點放在『什麼是身為人該做的事』這一點上。大家或許會覺得這個基準太幼稚、太陽春。但其實事物的根本，本來就是應該回歸單純明快。所以今後，我想讓正確的事情貫徹到底。」

當時，我是這麼對員工呼籲的。

身為人該做的正確的事，有「正直」、「不欺騙」、「為人著想」等，都是小時候父母或老師教過我們的，非常基礎的道德與倫理。對我這個沒有任何經營知識與經驗的門外漢來說，沒有比這個更適合拿來當成立足的根據與基盤了。

如果把判斷標準的根，深扎在人的心性上面，至少不會讓公司朝向錯誤的方向前去吧，這個我有信心。站在員工面前，我還說了下面這番話，「希望大家記住，判斷標準不在於『對公司來說』是對是錯，也不在於『對自己來說』是對是錯，而是在於『身為人來說』是對是錯。所以，倘若身為經營者的我，做了身為人不該做的事，請大家別客氣，儘管指正；相對的，如果覺得我所說的、做的，都是身為人來說對的事情，請大家務必跟隨我。」

我到現在還在遵守這個簡單的判斷標準，還在努力實踐。或許是因為母親過去常常對我們兄弟耳提面命，以致我心裡銘記著她的這段教誨，「不管什麼時候，你的一舉一動，神佛都看在眼裡，就算只有你自己，沒有別人看到時，請想著神佛還是在看著你，然後謹慎行事。當你想做一些壞事的時候，請在心裡默念『祂正在看、祂正在看』。」

如同這段話一樣，我經營公司時，也會幾近笨拙地貫徹身為人應該做的事，不做對不起上天的事。截至目前為止，沒出現過嚴重的錯誤判斷，能一步一腳印走到今天這個地步，都是拜其所賜。

不以得失
而以「身為人」做得對不對來判斷

行動的規範，不在於是得是失，而在於身為人做得「對不對」——我受命重建日本航空，擔下管理重責時，馬上面臨到一件事，讓我再次體會這個觀念的重要。

世界上大部分的航空公司，都會透過所謂的「聯盟」締結業務合作關係，而國際上主要分成三大航空聯盟。

日本航空加盟的是其中規模最小的「寰宇一家」聯盟，但面臨經營重整時，相關人員之間，卻出現何不加入另一個規模更大、利益更多的聯盟的聲浪。

該聯盟也送來愛的呼喚，希望我們加入他們的懷抱，提出優渥的條件，透過「我們雙手歡迎日本航空」等話語，對我們頻送秋波。一時之間，「應該搬家」的意見成為公司裡的多數。

一開始聽聞這件事時，我心裡有點疙瘩，但我決定先與來訪的雙方聯盟會面，默默傾聽他們要說的話，然後我對相關幹部說了下面這段話，「我是航空業界的門外漢，很多事都不懂，但不管遇到什麼問題，最重要的是要用『身為人該做什麼才對』的基準來下判斷。航空聯盟中，有與我們成為夥伴的航空公司，也有接受我們服務的客戶。做決斷時，不能單純以我們的得失作考量，也應該把這些人的立場與感覺考慮進去吧。」

我把這樣的想法說出來，希望大家再好好考慮一下。不管最後大家考慮出來的結論是什麼，我都會接受，我也都會負起責任。

之後的幾天，相關人員不停針對這件事進行義正詞嚴的辯論，我聽到下列這些意見。

——如果著眼於眼前的利害得失，的確轉投其他聯盟懷抱是聰明的選擇，但這麼一來，過去的合作夥伴「寰宇一家」，會像頓失一隻翅膀一樣，蒙受損失；過去一直陪伴我們走到今天的夥伴，沒犯任何錯，卻被我們拋棄，究竟這樣的行為，是「身為人」該做的事情嗎？

——而且，曾經受過我們服務的消費者，就享受不到之前聯盟提供的優惠了。在我們經營危急的情況下，還要讓願意搭乘我們飛機的顧客蒙受損失，這麼做好嗎？

結果，經過好幾天的議論，大家決定「今後繼續待在『寰宇一家』聯盟」。

我從不曾主張我反對搬家，只是提醒大家再好好思考一下，不要只重視獲利損失的經濟原理，也要把道義上對錯的基準考慮進去。

相關人員真摯地接受了我的意見，並且重新討論，然後得出這樣的結論。

正確的判斷是從「靈魂」而來

不以得失、而以「善惡」做判斷，以良善的心作為下決定的指標，想做到這些，平常不時時嚴加提醒自己，是做不到的。

年輕時剛開始接觸經營的我，常常抓著部下說出下列這段話，「出現某個問題，去尋找方法解決時，這時，腦中馬上浮現的解決方法，幾乎可以說，都是基於自私、欲望與感情所產生的。如果不是道行夠深的聖人君子，很難馬上直觀地以善惡下判斷。所以，凡夫俗子的我們，不要把一開始想到的方法當成結論，先叫自己『等一下』，暫時把這個判斷放一旁，仔細用善惡的標準檢視，再重新好好思考一遍。為了不做出荒謬的決定，這個緩衝空間非常必要。」

我把這些話說給部下聽的同時，也是說給自己聽。事實上，大腦冒出「就這麼辦」的機智想法，事後才發現是錯誤判斷，這種經驗我遇過很多。

做出正確判斷所需要的，不光只是聰明的頭腦或豐富的知識，更重要的是，心裡是不是擁有成為判斷指標的「善惡規範」。那麼，這個「善惡規範」又是從何而來的呢？是從心底深處的「靈魂」而來的。

前面提過，人心的正中央住著「靈魂」，而在靈魂最深處、最核心之處，住著「真我」。所謂真我，適合用「真、善、美」這幾個字來表達，就是更加純粹、愈發善良的心。像這樣，任何人的心底深處，都有充滿愛與和諧、純潔的「真我」，在經歷世上的波濤風雨、嘗遍人生的苦辣酸甜後，獲得形形色色的知識與智慧。這些都是佛教所謂的「業」。真我之外纏繞著業，整個加總來看，就是所謂的「靈魂」。

佛教主張輪迴轉世，也就是投胎重生的概念，人在無數次投胎轉世的過程中，經歷各種事情，善業與惡業也愈積愈多。

之所以說「那個人的靈魂不純潔」，是因為他在這一世種了不好的

「業」——由行為、思想、智慧、知識累積而成的。

當我們獲准出生在這個世上，我們就擁有了靈魂，而靈魂外圍，則纏繞著一圈「本能」。

剛出生的嬰兒，臍帶被切斷的瞬間，沒人教他，他就會開始用嘴巴呼吸，也會吸吮母親的乳頭，藉此吸收營養。這些都是本能造成的業。

接著，圍繞在本能外側的「感性」，也發育完成。小嬰兒一天天長大，終於睜開雙眼看見外面的世界，也會聽到各種聲音，遇到討厭的事情會哭，像是在跟父母溝通一樣，這種種狀況，就是感性成形的過程。

而後，感性的外側，又寄生著一圈「知性」。小孩在兩歲前，感覺與感情發育完整後，知性便會接著萌芽。

如上所述，所謂的心，其最中心是「真我」，真我外側是靈魂，靈魂外側依序被本能、感性、知性給層層圍繞，就像層層的洋蔥一樣。

從靈魂中心的真我來判斷

那麼，判斷事物時，這個「心的構造」會如何運作呢？

基於「本能」的判斷，是以得失為基準。

例如賺不賺錢、對自己方不方便等，盡是這一類的考量，並以這些考量下判斷。

基於「感性」的判斷，則容易流於「看不慣這種做法」、「喜歡這個人」等，這樣的判斷偶爾會很順利，但不一定能導致良好的結果。

那麼，基於「知性」的判斷，又會如何呢？是思緒清晰的、條理清楚的、理論充足的，乍看之下還不錯，但知性其實不具備決定的力量。

再怎麼有條有理的人，往往還是會在暗地裡，基於本能與感性下判斷。換言之，基於本能、感性與知性，不一定能做出正確的判斷，愈是人生重要時刻的判斷、左右公司命運的判斷，愈該基於「真我」，從

「靈魂」出發來做決定。

所謂從靈魂出發的判斷，歸根究柢，就是以前面提過的「身為人該做的正確的事」為基準。

不以「得失」為標準，透過最原始的道德教誨來檢視，把簡單的「善與惡」，當成判斷的指標。

這麼一來，就可以說這個判斷是天經地義了吧。

如果讓這些規範在心中站穩陣腳，就算是不曾經歷過的場面，或是需要迅速下判斷的事態，都能在任何時刻做出對的決斷，朝成功邁進。

到達真我的瞬間真理便了然於心

透過內心最中心的「真我」看待世界、判斷事物，就絕不會錯。為什麼不會錯呢？如前面所說，真我就是，讓宇宙之所以成為宇宙的存在本身。

專注於心性的磨練，就能透過真我來覺察，當你到達此一境界，世上所有道理都能瞬間理解。

所謂開悟，就是到達真我。一旦到達此境界，理解世上所有真理便易如反掌，也能把自己所想的一切化為現實。

釋迦牟尼佛對弟子們描述，頓悟時，能瞬間理解森羅萬象的真理，感覺宇宙與自己融為一體。不過，這種境界無法透過言語或文字形容，只能親身體驗，才能知其絕妙。

凡夫俗子的我們，能輕易到達開悟的境界嗎？當然沒那麼簡單。

我會在心靈導師西片擔雪法師門下，模仿出家和尚修行，稍微打坐禪定，不過別想寄望這樣就能達到開悟境地。

我皈依的臨濟宗中興祖師是一位叫白隱禪師的人，就連這位白隱先生，他說自己一生大徹大悟的「大開悟」經驗，也不過只有八次。一生專注於學佛修行的人，也只開悟了八次，所以即便我們拚命去修，也沒那麼容易能達到開悟的階段。

所以我們能做的，也只有每天一點一點地磨練靈魂，把自己的心擦出光亮，讓自己的心變得更純潔美麗。就算終究無法達到開悟的程度，但還是努力不懈地朝開悟一步步接近，這才是被賦予生命的我們，這一生的目的。

平時生活中、工作上，要經常提升自心的崇高，持續修練自身的靈魂，若能以這樣的方式活著，就算不達開悟的狀態，也能逐步朝真我接近了。

秉持這種生活方式的人，是符合「宇宙趨勢」的人，隨著逐步接近真我，現實也會逐漸朝好的方向發展，最終過著幸運的、受神眷顧的美好人生。

第5章

灌溉美麗心田

剛出生的靈魂不一定美麗

某天早上，我坐上餐桌正要吃早餐時，妻子說，「家裡窗戶柵板的背面，換成不同的雛鳥來住了。」一問之下，原來從幾天前開始，一隻母鳥一邊啼叫，一邊在窗戶旁的柵板收納縫裡進出來去。

我在京都的家，後面就是森林，所以常有烏鴉或麻雀等各種鳥類來訪。那隻可能是灰椋鳥吧，小小身軀利用窗柵築巢，想在此孵育雛鳥。

聽妻子說，每次只要烏鴉靠近鳥巢，母鳥就會馬上殺回來，用很大的叫聲嚇走烏鴉。另外，妻子只要稍微靠近窗柵，母鳥雖不會叫，卻會小心翼翼地觀察情況。

雖說這是本能，但那副要好好守護剛出生的孩子的姿態，讓人不禁感嘆渺小生命裡蘊含的偉大世界。

妻子聊到這個話題時，讓我想起了一件小學高年級時發生的事。

當時，有隻斑鳩在校舍屋頂內側築巢，巢裡有兩隻翅膀還沒長好的雛鳥正在啼叫，我們這群壞孩子，偷偷靠近屋頂內側，趁機抓走雛鳥，還跟班上同學炫耀，自己抓到多麼珍貴的東西。

之後，雛鳥們的下場如何，我已經不記得了，但在朋友們輪流玩弄之下，我想恐怕是小命不保了吧。現在回想起來，當時的我們真的做了很過分的事。

大家很容易認為小孩就一定擁有純潔善良的心腸，並不盡然，他們可能也擁有殘忍暴力的一面──我這麼對妻子說，她也點頭說「沒錯」。

看了就讀幼稚園的孫子與同齡孩子們的互動，你會發現，他們絕不只有純真無邪的心，在惡作劇或做壞事時，他們也會找藉口說那不是自己做的。小孩真的很壞──我妻子這麼說過。

並非所有人生來就擁有一個純潔美麗的靈魂，也有人剛出生，靈魂就被蒙蔽、汙染了，正因為如此，才要透過我們的一生，努力不懈地去修練自己的靈魂。

適不適合當領導者由「心地」決定

面臨經營現場時，我把是否適合成為下一任領導人的判斷基準，放在擁有什麼樣的「心地」上面。所以我推崇的，既不是頭腦清晰的人才，也不是知識豐富的秀才，而是具有善良美好人性的人。

一個人就算擁有再傲人的聰明才智，只要露出「為了自己」的野心，就要對其敬而遠之；而一個人就算有點駑鈍，只要個性謙卑勤勉，就是值得推崇的人選。

這大都取決於每個人與生俱來的素質吧，擁有什麼樣的心地，就是我最先拿來判斷一個人的根據。

而另一方面，就如前面提過的，擁有完美人格的人，卻在功成名就後，慢慢變得傲慢起來，無法維持好不容易磨練出來的人格，反而墮落了。這樣的例子不勝枚舉。

換言之，大家務必記住，人格絕不是千年不變的，它是會改變的。

事實上，我常常聽到，具備完美人性、取得亮眼成績的經營者，受到周遭朋友的吹捧奉承後，以為這些成就都是靠自己的實力達成，於是在不知不覺中，露出驕矜傲慢的態度，做出不名譽的事，無法好好繼續經營公司，最後甚至還落得晚節不保。

因此，判斷一個人的未來可能潛力，不能只看他所具備的個性。尤其要找的是下一任的領導者，是將來要把工作交給他的人選，更不能光憑他現在的個性來評斷。

若問怎樣的人適合成為領導人，我想應該是時時勤勉投入工作、不斷提升自我心性的人吧。這種人，即便握有權力，也不至於變得傲慢墮落，因為他們活在這個世上，心中一直秉持著了不起的哲學思維。

我認為所謂人格，可以用「個性＋哲學」這個方程式來表現。哲學，以淺顯易懂的方式解釋，就是「思考模式」，必須在與生俱來的個性素質上，加上「抱持怎樣的思考模式走人生這條路」來調味，才能達到慧眼識人的境界。

組織呈現什麼樣貌，端看領導者的心

有一個說法是「螃蟹會依照自己殼的大小來挖洞」；而組織的大小，則依照領導者的「氣度」來決定。

因為領導者的生存方式、思考方式、內心抱持的想法，會直接影響並決定組織或集團的樣貌。

所以，若要問我領導者最重要的資質是什麼，我會毫不遲疑回答是「心」，或者可以說是人格、人性。

「提升心性，拓展經營」這個觀念，我一直孜孜不倦提醒經營者們，擔任領導角色的人，必須努力不懈去磨練自己的心性、提升自己的人格。

無論所率領的集團是大是小，只要你的職位在員工之上，那首要之務，就是不斷努力去擁有一顆善良崇高的心。

說到領導者的素質，很多人都會以才能是否卓越、知識是否豐富、有沒有經驗或技術等面向來評斷。換句話說，就是思緒清晰、專業豐富、辯才無礙。一般人都會以為，擁有這些素質的人，就是適合當領導者的人。

但我覺得比起能言善道、機智敏銳，擁有宛如岩石般堅定不移、厚道穩重的人格，更值得尊重。我認為這樣的厚道穩重，才是領導者最需要的資質。

我去美國華盛頓參加研討會時，某人的演講給我非常深的感觸。

他說，美國總統被賦予非常大的權限，例如，美國總統擁有否決國會法案的權限。民主國家國會所決定的事項，理應要最優先被通過，但光憑總統一個人，就可以把它全盤否決。

為什麼美國要賦予總統這麼大的權限呢？因為「第一任總統喬治・華盛頓，擁有完美的人格」。

就是因為華盛頓是德行兼備的正人君子，即便賦予他強大的權力，也不會濫用、也不會誤國，這套制度就是這麼訂立下來的。

事實上，美國也真的成為他們預期中要成為的國家。如果當初任命為總統的人，沒有華盛頓那樣的人格（或者，華盛頓自己沒有那樣的人格），美國獨立就不會這麼成功吧。

思考領導者所需的特質時，這個故事可說是極啟發人心啊。

同樣的，棒球或足球等運動競技方面，雖然有點難去要求人性，但如果不去啟用許多能力優秀的選手，團隊就很難成立。

但如果讓一個球技高超、卻人格不佳的人擔任隊長，團員彼此會因缺乏團結心與合作感，而無法組成一支堅不可破的團隊。

近朱者赤，就像墨水滴到水裡一樣，領導者抱持的心就像那滴墨水，會讓團隊馬上染上他的顏色。

這麼看來，領導者對事物的看法、哲學信念、生存方式，並不是他自己一個人的事，這些都會影響集團整體的特質。

人格不高就無法打動人心

創辦京瓷，年輕時的我開始走上經營之路。以下這段敘述並非客套，當時的我對於自己沒有最高經營者該有的人格這一點，真的非常困擾。這問題尤其會影響我在與員工溝通願景的時候。

為了經營公司，我經常向員工傳達我的想法與願景，如「我想把公司經營成這副模樣」、「將來想變成這樣的公司」等，費盡心力就是希望員工理解。

不過，願景說得再怎麼崇高，如果述說的人品格不崇高，聽的人就無法把這些話聽進心坎裡。比起說的內容，是由誰來說，這點更為重要。不崇高的人，提倡崇高的內容，一點說服力也沒有。

京瓷當時雇用許多京都當地出身的員工，就歷史悠久、文化成熟的地域特色來看，京都人整體說來，表面上雖然溫和順從，但暗地裡是懷疑人心、愛講道理的。

他們對於別人的熱情，該說是不好意思，還是閃躲迴避、不願正面接受呢？當這一造提倡「以父母兒女、兄弟姊妹般的家人關係來相處吧」，那一造的京都人會說「這不就是為了使喚人所想出的便宜行事嗎」。

我為了讓大家了解我的願景與對工作的想法，常常舉辦聯歡會之類的酒席聚會，席間勸同事喝酒時，卻得到「酒我會喝，但要我敞開心扉恐怕很難」等等冷漠的回應。

我對於無法把這股熱情直接傳達給部下、無法緊緊抓住他們的心，覺得非常煩惱，也非常焦急。

最後我得到一個結論，如果我自己不成長、不讓自己變成值得尊敬的人，就算說了「大家一起加油」，也無法把這股熱忱傳遞給對方。

自從這麼一想後，我為了提升自己的人格，開始學習哲學，每天認真讀書。

剛出社會的我，在大學只學過化學，可說是如假包換的「專業傻瓜」，許多人為了培養文化素養，至少會讀幾本最基本的書，而那些我幾乎都沒讀過，婚後常常讓妻子大呼驚訝「想不到你連這種書也沒看過啊」。

因為基礎不好，我開始看書後，進度總是慢別人一、兩週，每次我只能硬著頭皮，逼自己拚命往下看，而且要利用工作結束後的有限時間才能進行，所以很難盡興如願地閱讀。

即便如此，我枕邊還是堆滿了哲學、宗教相關的書籍，再忙再累的日子，睡前一定會拿本書，繼續之前的進度，讀個一、兩頁也好。

讀書的速度雖然很慢，但我是全神貫注地讀，如果有讓我感觸良多的地方，我會用紅筆在旁邊畫線，常常翻到這裡來反芻思考。

這活像是烏龜走路，每走一步就磨練一次心性，為了提升品行，我以最老土的方式不斷努力。

無論何時都不能怠忽修養心性

我常常用「人生與工作的結果＝思維×熱情×能力」這個方程式，來說明人生應有的狀態。之所以會想到這個方程式，是腦筋不怎麼好、沒什麼可取之處的鄉下長大的我，在不停思索如何才能做出一番大事業後，所得到的結果。

澎湃的熱情當然是必要的。但要說大幅改變人生的決定要素，我覺得非「思維」莫屬。

也就是說，「思維×熱情×能力」展現出來的「人生與工作的方程式」，其中的熱情與能力量表，數值從零到正一百；但思維量表，數值可以從負一百到正一百。三者相乘後便會看出蹊蹺，儘管熱情或能力的數值傲人，如果思維得到負分，最終的數值也會變成負分。

換句話說，即便擁有了不起的才能天賦，即便傾注全力創造亮眼的成績，只要思維模式漸漸朝不法、墮落等負面方向發展，這個人得到的分數就是負值，所走的路就是衰退沒落的路。

而另一方面，一個遭逢逆境、嘗遍困苦、沒什麼天賦才能的人，只要擁有正念正覺的思維，命運最終一定會站在他那邊，讓他過著美好無憾的人生。

總之，功成名就、讚譽榮光、挫折失敗、逆境困難，都是上天給我們的試煉。

正因如此，不管我們的人生是一帆風順，還是不如預期，請時時把心自省，切勿怠忽心性的修煉。

英國思想家詹姆士·艾倫（James Allen）曾說，「人心就像院子。你可以用知性耕種它，也可以放任不管，不管採取哪種方式，它還是一定會長出東西來。

如果不在自己的院子裡撒下美麗的花草種子，空中飄來無數的雜草種子還是會在此落地生根、茂盛繁殖。

厲害的園藝師會為院子翻土，剷除雜草，撒下美麗花草的種子，不斷細心灌溉。同樣的道理，如果我們想擁有美好的人生，就應該為自己的心靈院子翻土，把錯誤不純的思想全部拔除，然後再種下正確純潔的思想，不斷灌溉照顧它。」（出自《「原因」與「結果」的法則》坂本貢一譯／Sunmark 出版）

這裡透過簡單的比喻，說明「人生諸相，皆出自你我『自心』的投影」這個道理。

換言之，如果偷懶不去照顧心靈院子，那裡馬上會長出像雜草一般不純的、不對的、不該有的東西。

如果想讓院子裡長出美麗的花草——想讓心靈充滿幸福、充實與成功，就要先種下美麗的種子——把真摯、誠實、正確、純潔的「思想」

灑在心田上，細心照料。

這個細心照料，指的就是每天的自省，所以別忘了謙卑觀照每日作為的自省的心，也不要忽視能抑制驕縱狂妄的克己的心，要不斷抱持著這兩種心。

每當我言行舉止變得很輕浮、態度變得很不可一世，回到家裡或飯店，只剩我一個人時，我會激烈地反省自己。我會站在鏡子前面，對著鏡子裡的自己痛罵「你這個笨蛋」，苛責自己「你這傢伙真是太不像話了」到體無完膚的狀態，最後再說「神啊，我對不起祢」等反省的話。

其他人如果看到我這副模樣，可能會以為我瘋了，不過這已經變成我的一個習慣。時常捫心自省，讓自己朝對的方向修正，才能自然而然修煉靈魂、崇高心性。

當然，我們的雙眼看不到心是不是真的變美了，但只要不斷下功夫，人格必定會改變。如果有人說你「年輕時很任性胡鬧，現在品行真的變得很好」，代表你的心正好好地在修煉著。

作家芥川龍之介曾留下這麼一句話，「命運，藏在一個人的個性之中。」

文藝評論家小林秀雄也說過「人只會遇到與自己性格相應的事」，性格改變，內心抱持的想法就會改變，這麼一來，從想法衍生出來的事情，自然也會改變。

提倡開拓人生該有什麼樣心態的思想家

心才是開拓人生最重要的關鍵，告訴我這個道理的其中一位「老師」，是中村天風先生。

雖然稱他為師，但我不曾見過本人，主要是透過閱讀他的文章，與生前跟他接觸過的人交流，就是以仰慕他的私淑弟子之姿，學習他的思想，把他的學說當成精神食糧。

前面提過，中村天風是一位哲學家，遠赴印度探究瑜伽的博大精深，也是在日本推廣瑜伽思想與實踐法的第一人。

他出生在父親是經濟部官員的家庭，生來脾氣暴躁，家人也擺平不了他的乖戾個性，滿是無奈的父親，把他託給當時國家主義派的代表人物頭山滿先生，希望能代為管教。

「你應該做能讓你好好闖蕩一番的工作，」頭山先生如此勸他，於是天風在十六歲的時候加入陸軍，成為軍事情報員，前往當時正被捲入日俄戰爭的中國。

當時共計一百一十三位軍事情報員前往，最後只有九人順利回國，可見這份工作有多艱難。

天風在這麼可怕的環境下大展拳腳，一點也不覺得害怕，膽量真的非常大。

可是，這位年輕人卻在快三十歲的時候染上肺結核，變得體虛氣弱。前面提過，我小時候也得過肺結核，在當時，可是不治之症。

天風遠赴美國求醫，努力想治好結核病，但成效不如預期。他又跑遍歐洲，拜訪知名的心理學家與哲學家，也無法從他們身上得到滿意的答案。

失意沮喪之下，他坐上歸途的船，途中暫靠埃及開羅，他就在該地飯店，命運般邂逅了印度聖人卡里阿帕大師。

抱著抓住最後一根救命稻草的心態，天風跟隨卡里阿帕大師前往印度，開始修行。

修行後開悟的天風，結核病不藥而癒，他也回到日本。回國後的天風，事業發展非常成功，還曾做到銀行總裁等高位，卻因為一個念頭，決定捨棄所有地位與名聲，站在路旁開始對擦身而過的行人進行「沿路說法」。

天風提倡，「人生會隨心念而有無限擴展的可能。不管任何人，宇宙都能保障你開拓美好人生。所以，儘管現在遭遇再大困難，請保持開朗心境，擺脫悲觀情緒，不說負面言語，只要去相信美好未來終將來到。」

天風自白，「原來的我，擁有無可救藥的暴躁脾氣，但現在轉變成這樣的人，在各位面前解說人生的樣貌；一個人無論有著怎樣的過去，只要心念改變，都能開拓出輝煌精彩的人生。」

聽聞天風闡述這些道理後，許多人成為他的信徒，為了傳播他的理念成立了「天風會」，讓更多人接觸他的思想。

心的力量造就許多不可思議的現象

在中村天風如此波瀾萬丈的一生中，發生過很多不可思議的情節。某大企業因礦坑問題惹出勞資爭議，天風先生在這段抗爭中，代表企業擔任協商者的角色。協商的對象是手持獵槍不肯離去的礦工們，只要有人敢靠近，不管對方是誰，都要對他開槍。警察警告天風，情況危急，最好不要前去，但天風還是往勞工佔領的基地走去。在抵達目的地之前，必須走過一座吊橋。

礦工們埋伏在吊橋下，對著橋上射擊，但天風還是不以為意地繼續過橋。過橋的時候，他的外套、褲子都被射出洞來，但他身上，卻是一個傷口也沒有。

直搗黃龍的天風，終於被工人們團團圍住，接下來他的行為又更令人吃驚了。當時路邊有幾隻放養的雞，天風一用拐杖碰這些雞，雞馬上一動也不動。然而拐杖一離開雞，雞又馬上走動了起來。

親眼目睹天風神力的勞工們，對他心生敬畏，終於結束了這場勞工抗爭。

還有另一項事蹟。這是發生在義大利知名馴獸師來日訪問的時候，馴獸師拜訪當時照顧天風的頭山滿先生時，一看到頭山滿的臉，就說「此人入猛獸牢籠也不會有事」，然後轉頭看到在場的天風，也說「啊，這個人也不會有事」。

然後，當一群人來到關著三隻還未受訓的老虎的籠子前，頭山先生對著天風說「你進去籠子裡試試」，天風就真的走進籠子裡，而三頭老虎只是趴在地上，乖乖圍著站在中間的他。

天風先生正是所謂開悟的人，達到此等境界的人，周圍會出現許多無從解釋的現象，他這類的事蹟，各方面都發生過。

我身邊發生的事雖然沒有他的神奇，但會讓周圍的人感到驚訝的其中一點，就是奇蹟般的「天氣」。我每次去外地或海外工作時，很幸運地，幾乎都遇到好天氣。

為了工作飛到國外時，可能在我抵達前還是狂風暴雨，但我只要一下飛機，馬上變成一片雲也沒有的藍天。我停留的期間都還是好天氣，就在我前往機場準備搭機離開時，天空又變得烏雲滿布，甚至還下起雪來。這一類的事，我遇過好幾次。

我周圍的人對於經常發生這種事，已經習以為常，還因此給了我一個「背負著太陽走的人」的封號。

只是，此「魔法」只有在工作的時候有效，旅行或打高爾夫球等私人行程時，就一點效力也沒有。

同樣的例子，我乘坐的車，不管開在多麼容易塞車的路段，不可思議的是，都不會塞在車陣中動彈不得，總是能氣定神閒地抵達目的地。

這種例子比比皆是。

例如，某次發生了這樣的事。我在京都自宅做完法事後，搭計程車前往伊丹機場，打算坐飛機到東京。但上路後，得知高速公路因車禍而大塞車，臨時決定改坐新幹線到新大阪，再從新大阪坐計程車到機場。

我到新大阪站時，離飛機起飛的時間只剩四十分鐘了。我趕緊搭上計程車，但因為高速公路還是塞車，平面道路的路況也好不到哪裡去。司機對我說，「四十分鐘好像不太可能到得了，一般的情況都要花三十分鐘了，今天又是大塞車，我想更難了。」

於是，我說了這句宛如壓箱寶的話，「別說灰心話，試著走走看吧。有我在，路上的車就會變少。」

司機不可置信地盯著我的臉看，說著，「這樣嗎？如果載著這樣的神人，說不定真的能順利抵達喔」，然後發車上路。

果真不如所料，一上路就遇到大塞車，於是抄小路走，一路上司機直喊「真不可思議啊」，這條小路向來車多壅塞，今天車子卻不可思議的少。

結果抵達時間大幅領先預期，只花了二十分鐘就抵達機場，我還有充裕的時間能慢慢走去登機門。司機最後驚訝地對我說，「情況真的跟您說的一樣呢」，但其實每次我搭車，這種事就像家常便飯一樣。

半開玩笑來說，這種事就跟人生一樣，一樣是搭車前往機場，有人就是會被塞在車陣裡、被交通號誌攔住動不了，然後一定遲到。

換言之，有人的人生總是順利又如願，有人的人生卻是怎麼也不順遂。試著想想周圍的人的情況，一定會跟我有同樣的發現。

愈接近真我，愈能看見事物真實樣貌

只有靠自己的意志，什麼也辦不成，人生還是一直被所謂的「他力」牽著鼻子走。這其實也是一種「心」造成的業。

靈魂中心住著人心中最純潔、最崇高、最美好的「真我」，那是最棒的「真、善、美」世界，充滿了愛與和諧，更是與讓萬物成為萬物的「唯一存在」完全相同的存在——這些都是前面提到過的。

所謂真我，就是一切森羅萬象根本的「宇宙之心」本身，所以這顆心所描繪的，會馬上在現實世界具體成形。也就是，想什麼都會實現。

開悟的聖人之所以能隨心所欲改變現實，是因為已經完全掙脫出心的牢籠，以「真我」之姿重生。

般若波羅蜜多心經提到，佛陀開示「色即是空」，意思是，我們在這世上所經歷的一切，都不過是宇宙中「唯一真實的存在」所投影出的世界。

換言之，我們在紅塵中遭遇的各種幸或不幸，都是幻影，只要我們了悟這一點，就能從紅塵中解脫；一旦解開了這個幻影的枷鎖，就很容易理解世上發生的一切現象，最後體悟到整個宇宙的真理。打坐、開悟的意義，就在這裡。

那麼，為什麼宇宙真理只有一個，而我們的人生卻是波瀾萬丈，各自充滿不同的挫折與困難，並非順心如意的呢？那是因為，心變混濁了，看不見事物真實的樣貌。

「貪心」、「憤怒」、「抱怨」三者，為佛教所說的「三毒」，是混濁心念、困惑心思的元凶。

面對不如意的事，我們動不動就發怒，貪心地希望事情能照我們所想的進行，對於現狀總是充滿抱怨，總有滿腔的不平不滿。

所謂現實，全都來自唯一真實存在的投影，只不過，透過混濁的心投影出的現實，自然而然是混濁的。一切不幸皆來自自心造化，不能怪誰，一再埋怨自己人生有多不幸，心裡充滿一堆牢騷與不滿，只會把更多不幸喚來身邊。

所謂開悟的人，就是從這些牢籠解脫，看見事物真實樣貌的人。透過這麼乾淨無瑕的心編織出的現實，有時就會發生不可思議的奇蹟。

不過，前面提過好幾次，我們要一次就到達開悟境界，首先是不可能的。我們能做的，只有磨練心性，讓自己盡量接近開悟境界，就算多接近一步也好。唯有這樣的努力不懈，才是人生原有的姿態。

為了接近開悟，有一個方法是，每天抽出一點時間，讓心平靜下來。

現今社會資訊爆炸，你我不斷接收訊息，被工作追著跑，無法抑制腦中不停打轉的思考漩渦，也沒有餘力讓心保持平靜。所以要試著製造機會，讓亂糟糟的心能暫時變得平靜無波，呈現如明鏡又如止水般的狀態。

可以試著冥想，也可以打坐看看，只要每天抽出一點時間，讓自己的心暫時平靜下來，就能稍微接近真我的狀態。這也有助於你整體人生的豐盈飽滿，讓它結出纍纍的果實。

遇見「命運的導師」，人生從此改變

想要步上美好人生，磨練心性、提升品格等自我努力是不可或缺的，另一方面，遇見能為我指引人生方向的貴人，也是必不可少的。人生，可以說是各種相遇的集結處，美好的相遇，也能磨練我們的心性、提升我們的品格。

那麼，想要與這些所謂的命運的導師相遇，該怎麼做才好呢？

這完全要看自己擁有怎樣的「心地」。即便真的邂逅了能為我開拓人生的貴人，如果沒有一顆坦誠的心、真摯的想法，去接受對方的建議或幫助，就無法讓彼此結成善緣。

回顧過去，我自己也是因為各種命運的相遇，才能擁有如此幸福的人生。

說到命運的相遇，我腦海中最先想到的，是為我開啟中學升學之路的老師。

我小學畢業時，正值戰爭期間。快畢業的我，雖然有報考舊制名門中學，但不怎麼念書的我，當然不可能考得上。

當時沒上中學的孩子，要讀國民學校，讀到高等科二年級後，通常就會出社會工作。我也不例外地，去就讀國民學校，但誠如前面提到，當時因身體不適就醫，才發現是肺結核初期症狀的肺浸潤。

當時，戰爭陷入苦戰，我住的鹿兒島市，也多次受到空襲侵害。在如此動盪的大環境下，某天，國民學校的班導師來我家進行家訪，他拜託我父母「無論如何都要讓和夫念中學」，還幫我把申請書交出去。

考試當天，我的班導師戴著防災頭巾，牽著有點發燒的我，直接送我去考試會場，但因為抱著這麼虛弱的身體應考，所以又沒考上。

父母與我都已經決定要「放棄上中學的夢」了，但這位老師還不放棄，又來我家拜訪，說到「還有一條路，就是上私立中學。無論如何一定要上中學」，而且，他還說已經幫我把申請書交出去了。

抵擋不住老師的熱情，我參加私立中學的入學考，終於順利考上。如果沒有老師這麼勸進我，我應該會在國民學校高等科畢業後，直接出社會工作了吧。

高中時遇到的班導師，也是我人生中非常重要的貴人。

日本戰敗後，學制全改，念中學的人可以選擇念完三年就畢業，還想繼續學習的人，也可以直接進入新制高中就讀。

繼續就讀三年高中的我，畢業前，想著接下來去找工作算了，但當時我的班導師對我說「你應該上大學」，還來我家拜訪了兩次。

因為家境貧困，父母對於要讓次男的我上大學，始終面有難色，班導師熱切地說服他們，「稻盛同學成績非常好，讓他就這樣出社會工作，真的非常可惜」、「學費方面，可以申請獎學金，如果再加上打工兼差，一定應付得過去」。

班導師的鍥而不捨讓我再次感受到，有位「命運的導師」在我身後熱情地推我向前，於是我上了大學。

恩師設身處地指引我人生的一句話

進入大學的我，就像換了個人似的，專注在學問之中，用「埋頭苦讀」來形容，真是一點也不為過。然而，畢業時正值韓戰剛結束的時候，經濟非常不景氣，只是地方大學畢業的我，很難如願去想去的公司工作。

在此情況下，大學指導教授透過他的關係，幫我介紹進京都某製造絕緣體的公司，多虧他的盡心幫助，我才終於找到工作。

我在大學時只有學有機化學，為了找工作，迫使我也要學會無機化學，於是我花了半年時間，研究黏土礦物，並把這個研究成果寫成畢業論文。當時某位剛來校任教的教授看到我寫的這篇論文。

這位教授在戰爭發生前從東京帝國大學畢業，前往滿州國指導如何製造輕金屬，是一位擁有先進技術背景的實務人員。

「這篇論文，比起東大生寫的，絲毫不遜色，」當時他一邊誇獎我的論文，一邊請我喝咖啡，還鼓勵我「你一定會成為了不起的技術人才」。

在我工作後，這位教授每次從鹿兒島去東京出差時，都會事先聯絡我。「我搭的車幾點到京都站，我會在那裡轉搭幾點發的特急列車」，利用一點點列車停靠的時間，直接在月台上與我碰面，聽聽我工作上的煩惱，給我相當有建設意義的意見。

如前面提過，在當時的公司，我因為與上司無法達成協議，最後決定離職，而離職後要做什麼呢？我煩惱著要不要以技術者的身分，去巴基斯坦工作。

前年從巴基斯坦來我們公司實習的實習生，父母在巴基斯坦經營大企業，所以多次拜託我「請務必來我們工廠工作，親自給我們指導」。

之前的我，都是拒絕他的，但提出辭呈後，遠赴巴基斯坦的意志突然堅定了起來，私下答應了這個邀約。然而，一如往常般，我在京都車站的月台跟教授短暫見面時，跟他商量了這件事，教授當下馬上說出以下意見，「絕對不能去。辛苦熬到今天才有的高深技術，在你跑去巴基斯坦賣力的這段期間，日本這邊的技術又不斷進步提升，到那個時候，你擁有的技術，已經不被日本需要了。」

教授如此明確告誡我，我也就斷了去巴基斯坦的念頭。如果當時真的去巴基斯坦，重新回到日本的我，也許就是一位完全被時代淘汰的技術人員吧。

為我把升中學的路鋪好的老師、勸我去考大學的老師、幫我介紹工作的老師、給我身為技術者不要走錯路的忠告的老師……不管哪一位老師，都不是為了自己，而是設身處地為我的將來擔心，對我伸出援手，應該說，每一位都是我人生中的恩人。

年輕時的我，既沒有值得誇耀的才能，也沒有獨特不凡的技術，但我會認真面對每一件事，如果是我該做的，我一定專心致力拚命去做好。我所遇到的這些恩師，說不定就是因為看到我這副模樣，才會打心底給我真心的建議吧。

遇見這些老師，讓宛如擁有多條分歧岔路的我的人生，能被指引到另一個方向，產生大幅的變化。

妻子支持了我人生的存在

然後，比起任何人，我最應該感謝的，是長年陪伴在側、與我一起走過人生的我的妻子。

與妻子的相遇，是創立京瓷以前的事，要從我還在京都某製造絕緣體的公司，為了開發出陶瓷新產品，日以繼夜埋頭工作那時開始說起。

當時我專注於研究，乾脆睡在公司，還在工廠角落擺個炭爐，胡亂煮些東西，只求能果腹就好。這樣的生活，既不規律，也不健康。

某天，我剛回公司，看到自己的桌上放了一個便當。一開始想說是不是有人錯放在我桌上，但應該不可能把便當錯放在這裡才對。在不知道是誰給我便當的情況下，我心懷感激地享用完畢。而後，隔天、再隔天、再再隔天，桌上都會冒出一個便當。

其實那正是日後成為我妻子，即當時的同事所放的。事後問她，她說因為看我「生活狀態太過淒慘，不由得覺得很可憐」，不過便當真的很好吃，我真的很感謝她。

前面提過，當時我正在開發用於電視映像管的絕緣零件，這個零件使用了我研發出來的陶瓷材料，開發成功後，馬上獲得大型電機製造商的採購大單，零件順利進入量產階段。

另一方面，公司業績卻持續惡化，工會便開始蠢蠢欲動要發起罷工。一旦開始罷工，生產線就會停下，就會失信於好不容易拿到訂單的客戶。

我決定不參加罷工，要與部下們一起守住工廠，讓生產線不停線。能繼續生產雖然是好事，但罷工群眾把玄關封住了，如何把製作好的產品運到外面交貨，成了問題。

這時，我妻子就扮演了重要角色。每天早上，她會在工廠後面的圍牆外等，等我從圍牆內把裡面包裹著產品的袋子往外丟。她拿著這些袋子，為我們趕去交給客戶。

也正是這個時候，就如前面提過的，我因為對作業員的態度太過嚴苛，遭到大家的非難與抗議。

即便我做的是正確的事，心裡還是籠罩著一股難以言喻的孤獨感與恐懼感，好像只有自己一個人攀登在杳無人跡的斷崖絕壁一樣。

這時，我曾對妻子說，「就算沒有半個人跟隨我，只要妳在我後面推我一把就足夠」。

妻子那時以「好的，要我推幾次都可以」來鼓勵我，這句話給了我力量，讓我重新整理心情，決定不管遇到什麼困難，只管繼續向前。

成立新公司、離開絕緣體公司的隔天，我們倆舉辦了只有咖啡與蛋糕撐場的簡樸婚禮。之後，妻子與我一同走過超過半世紀以上的人生。

她總是默默注視著忙於工作的我，一邊把家裡整理得有條不紊。每次我去外地出差，她會為我把每天的衣服準備好、摺好，並仔細裝進行李箱裡。

有次，我走進家裡一間平時沒在用的房間，被眼前的景色嚇到。結婚以來，我幾十年前的襯衫、褲子，甚至鞋子，全都還在，堆滿了整個房間，連可以站的位置都沒有。妻子捨不得把這些用舊的東西丟掉。送給別人如何？她說這麼失禮的事，她做不來，所以也無法把它們捐出去，只能一直留在家裡。

其實我也和與奢華無緣的妻子一樣，我們都太過愛物惜物，所以家中到處可見老舊物品。她對生活的價值觀，跟我不謀而合，我們一起過著平凡幸福的生活。

我很少當面向她道謝，但如果沒有她，我無法像這樣專心致力於工作，也無法讓公司有今天的成就，我對她只有無盡的感激。

因為家人才有今天的成就

從事經營工作以來，我的時間都奉獻給工作，對於家庭的照顧，可以說是完全沒有。

看到別人的家庭，重視一家團聚，父親會參加孩子的課堂參觀或運動會等學校活動，而我則是一次也沒參加過；別人家會陪孩子一起過暑假，我則是幾乎不曾做過這種事。

我的三個女兒一定很埋怨有我這樣的爸爸吧，但我連這個也不以為意，還是不停工作。

有一次，已經長大成人的女兒這麼對我說，「偶爾才能跟爸爸一起吃頓晚餐，因為機會實在難得，我滔滔不絕把學校發生的事說給你聽，你卻總是心不在焉的樣子。我想你一定還在想工作的事，所以後來我什麼都不說了。」

我覺得很意外，我一直以為自己在吃飯的時候是認真聽孩子說話的，但事實一定就像孩子說的那樣。

不可否認的，我常常不分晝夜全心全意投入工作，比任何人都要拚命，也因此，冷落了家人，讓家人感到孤單寂寞。

然而，如果不犧牲與家人一起度過的快樂時光，就無法好好經營公司，這也是事實。

前面提過的詹姆士．艾倫曾說過，「無法獲取成功的人，就是那些完全不犧牲自己欲望的人。如果希望獲取成功，就要付出相應的代價，做出相應的自我犧牲。如果希望獲取大成功，就要做出大犧牲；如果希望獲取前所未有的大成功，就要做出前所未有的大犧牲。」

所以反過來說，能允許我如此把家庭當成犧牲品，讓我能一股勁地埋頭於工作，都是我家人的功勞，感謝她們一直溫暖地守護我。我很高興擁有這樣的家人，也感到很自豪，深深覺得非常謝謝她們。

一切始於心也終於心

回顧過去，在超過半個世紀的歲月裡，我把自己奉獻給經營公司，可以肯定的是，這條路絕對不是輕鬆安穩的康莊大道，現在回頭想想，它就像一條兩側都是懸崖、再危險不過的山脊路，我只能亦步亦趨地慢慢向前走。

不過，不可思議的是，前進時，我並不會覺得不安。就好像有某個巨大力量守護著我，讓我覺得很安心，一路上帶著相信與肯定的心情，只管不停地往前走。

或者應該說，我連害怕或猶豫的餘力也沒有，就像走在被濃霧籠罩的路上，眼前連一步之遙的景色也看不到，只能賭上性命思考下一步該怎麼踏出去。

突然間，濃霧散去，回頭看來時路，才發現剛剛走的路，旁邊竟然是斷崖峭壁，背脊不禁發涼——若要比喻的話，就是這種感覺吧。

自己的大半生都在走這樣的路，為什麼還能走得這麼無憂無慮呢？因為抱持著以下的想法。

——以純粹善良的心待人處事，沒有辦不到的事。只要時常磨練心性、提升品格，遇到再大的困難，命運必會回以我們一抹溫暖的微笑。

這股信念，就像我的信仰，存活在我身體裡，像我人生的護身符一樣，幫助我、守護我。我禁不住這樣想。

本書再三提到，人生皆由心態決定，這真的是一條清楚明確的宇宙法則。

不管是誰，能掌握的時間只有現在這一瞬間，現在這一瞬間以什麼心態活著，就決定了你的人生。

有幸運來訪的時候，也有挫折降臨的片刻，這才是人生，這一切都是自然的力量為我們準備的。

所以，不管現在遇到什麼挫折困難，不要畏懼、無須氣餒，只要向前邁出大步。

這麼一想，你會發現人生其實很簡單。以利他之心為基準，在日常生活中，盡量不辭辛勞地努力，如此實踐以後，命運就會好轉，幸福人生隨之而來。

然後，任何時候都不要忘了，讓自己的心變美、讓自己的心保持純潔的重要，這才是讓自己的無限可能開花結果的祕訣，也才是開啟幸福人生之門的關鍵。

國家圖書館出版品預行編目（CIP） 資料

稻盛和夫　心（暢銷紀念版）：人生皆為自心映照／稻盛和夫著；吳乃慧譯. -- 第二版. -- 臺北市：天下雜誌股份有限公司，2025.2
304 面；14.8×21 公分. --（天下財經；535）
譯自：心。人生を意のままにする力
ISBN 978-986-398-985-1（平裝）

1. CST：企業管理　2. CST：人生哲學

494　　113003609

天下財經 535

稻盛和夫　心（暢銷紀念版）

人生皆為自心映照

作　　者／稻盛和夫 Kazuo Inamori
譯　　者／吳乃慧
封面設計／Dinner Illustration
內文排版／顏麟驊
責任編輯／蔡佳純、陳世斌、賀鈺婷、張齊方、何靜芬
校　　對／王惠民

天下雜誌群創辦人／殷允芃
天下雜誌董事長／吳迎春
出版部總編輯／吳韻儀
專書總編輯／莊舒淇（Sheree Chuang）
出版者／天下雜誌股份有限公司
地　　址／台北市 104 南京東路二段 139 號 11 樓
讀者服務／（02）2662-0332　　傳真／（02）2662-6048
天下雜誌 GROUP 網址／ http://www.cw.com.tw
劃撥帳號／ 01895001 天下雜誌股份有限公司
法律顧問／台英國際商務法律事務所・羅明通律師
印刷製版／中原造像股份有限公司
總 經 銷／大和圖書有限公司　電話／（02）8990-2588
出版日期／ 2025 年 2 月 5 日第二版第一次印行
　　　　　 2025 年 8 月 13 日第二版第三次印行
定　　價／ 480 元

書號：BCCF0535P
ISBN：978-986-398-985-1（平裝）

直營門市書香花園　地址／台北市中山區建國北路二段 6 巷 11 號　電話／02-2506-1635
天下網路書店　shop.cwbook.com.tw　電話／02-2662-0332　傳真／02-2662-6048

本書如有缺頁、破損、裝訂錯誤，請寄回本公司調換

天下雜誌

觀念領先